彩图 1　油画《开国大典》

彩图 2　具有荒野性的外环境

彩图 3　富有原生性的外环境

彩图 4　扫而不尽的落叶

彩图 5　动感十足的水景

彩图 6　迦登格罗夫水晶教堂内景

彩图 7　某庄园户外起居室

彩图 8　某住区户外客厅与餐厅

彩图 9　中国银行总部中庭

彩图 10　建筑与阶梯形地表的结合

彩图 11　梅根天主教堂的大理石外墙

彩图 12　上下颠倒的商店

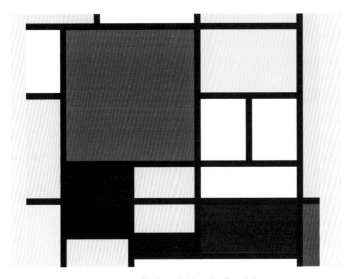

彩图 13　蒙德里安的《红黄蓝图》

彩图 14　中国古典园林中的园廊

彩图 15　木结构的魅力

彩图 16　巴塞罗那德国馆

彩图 17　蓬皮杜艺术中心的一个"灰空间"

彩图 18　流水别墅

彩图 19　悉尼歌剧院内景

彩图 20　苏州博物馆假山

彩图 21　苏州博物馆水景

彩图 22　西班牙科尔多瓦大清真寺内景

建筑环境美学

霍维国　著

中国建筑工业出版社

图书在版编目（CIP）数据

建筑环境美学/霍维国著. —北京：中国建筑工业
出版社，2016.9
ISBN 978-7-112-19615-9

Ⅰ.①建…　Ⅱ.①霍…　Ⅲ.①建筑美学　Ⅳ.
①TU-023

中国版本图书馆 CIP 数据核字（2016）第 169603 号

　　本书所指的建筑环境为建筑的内环境与外环境。本书侧重从美学
角度阐述建筑环境的价值、艺术特点、美的形态、美的层次、美的范
畴以及发展的总趋势。从内容和形式看，既注意保持理论上的严谨
性，也力求易看、易懂，为此，不仅列举了诸多实例，还选用了不少
照片和插图。本书可供环境设计工作者、大专院校相关专业的学生和
教师阅读与参考，也可作为大专院校相关专业的辅助教材和教学参
考书。

责任编辑：王玉容
责任校对：王宇枢　李欣慰

建筑环境美学

霍维国　著

＊

中国建筑工业出版社出版、发行（北京西郊百万庄）
各地新华书店、建筑书店经销
北京佳捷真科技发展有限公司制版
北京云浩印刷有限责任公司印刷

＊

开本：787×1092 毫米　1/16　印张：12¾　插页：12　字数：316 千字
2016 年 9 月第一版　2016 年 9 月第一次印刷
定价：**48.00 元**
ISBN 978-7-112-19615-9
（29036）

前言

环境意识的觉醒，使建筑环境日益受到人们的重视。改革开放以来，我国建筑环境设计和营造活动空前繁荣，并正在持续地高涨。但从总体看，建筑环境的理论建设远远落后于专业实践。单就相关出版物而言，资料性的、图集性的较多，理论性的较少，从美学角度深入探讨建筑环境的则更是少之又少。

学者和广大建筑环境工作者一致认为，建筑环境设计是一个交叉学科或综合性学科，涉及哲学、美学、心理学、民族学、伦理学等社会科学，也涉及城市学、建筑学、人机工学、材料学、植物学等自然学科。但从现实看，从美学角度研究建筑环境的氛围并不浓厚，以致建筑环境美学尚未形成独立的、完整的学科。

传统美学是哲学美学、思辨美学，基本的研究方法是从抽象的理论出发走回到抽象的理论，与社会生活联系甚少，难以对建筑环境的设计与营造产生理论引导和理论支撑的作用。近年来，美学研究逐渐与社会生活相结合，应用美学迅速发展，并渗透至社会生活的各个领域，出现了诸如建筑美学、绘画美学、音乐美学、服饰美学、园林美学、景观美学、旅游美学及其仪容仪表美学等分支，相比之下，建筑环境美学的形成和发展则十分缓慢。

理论与实践早已表明，实践的发展呼唤理论的引领，理论研究只有与实践相结合才能焕发出生机与活力。中国的建筑环境设计与营造活动无论在规模上还是在速度上都呈现出前所未有的态势，在这种情况下，理论研究应该跟上形势，回应形势，从多种学科出发，从时代要求出发，总结我国三十多年来的建筑环境设计和营造的正反经验，并将其提高到理论的高度。笔者撰写这本《建筑环境美学》，算是一种尝试，希望能在建筑环境理论建设中起到一些积极的作用，能为建筑环境美学的形成与发展提供一点正能量。

撰写《建筑环境美学》首先需要对建筑环境的内涵作一个界定。与建筑环境相近的学科和专业极多，包括城市、建筑、景观、园林等。在现实生活中，与建筑环境相关的企业更是名目繁多，如装饰公司、装修公司、装潢公司等。社会分工明细化，是社会进步的反映，分工细化可以使各学科和专业的研究更加深入，可以使各行业的实践性工作更加精细。但过细的分工，又会割断相关学科和专业的联系，使理论研究和行业实践只着眼于自身，而忽略对于相关学科、专业和行业的整体关注，甚至各行其是，将本来相互关联的整体碎片化。从上述观点出发，在理论研究和行业实践中，明确学科、专业的内涵是完全必要的，但也不必追求泾渭分明，纯而又纯，学科、专业内涵上的某些重叠，应该说是正常的。本书把建筑环境界定为以建筑主体为依托的建筑内环境和用地内的外环境，并强调人是建筑环境的主体，认为从本质上看，建筑环境乃是建筑主体、建筑内部环

3

境、外部环境与置身于其中的人所构成的有机体。

　　撰写本书时曾经着重考虑的另外一个问题是，如何正确阐述美学中的一些基本概念，而又不使内容生涩、难懂。传统美学是思辨美学，着重关于基本概念的阐述，难以为没有专门受过美学训练的人们所理解。本书的主要对象是环境艺术专业的学生和年轻的环境艺术工作者，为使他们能对传统美学有一些初步的了解，本书专门写了一节传统美学简介。在全书的叙述上，也努力使文字具有可读性，内容具有易懂性。书中列举了诸多实例，并选用了大量插图，目的也是希望在形式与内容上更加活跃、直观，易于从理论与实践的结合上把建筑环境美学方面的一些问题阐述清楚。

　　就像在本书正文中所说的那样：建筑环境美学是一门崭新的门类美学，其内容的完善，体系的成熟，必定要经历一个较长的过程。本书的出版仅在提供一种思路、一种线索，不妥之处还请广大同行和读者批评指正。

　　在本书的写作过程中，解学斌、赵矿美、霍宁等提供了不少帮助，出版之际，谨致谢意。

霍维国　2015 年 12 月

于广州

目　　录

第一章 建筑环境设计——一个崭新的学科

一、环境的含义

环境问题，现已为世人所瞩目。"环境"二字，早已成了当代的热词。然而，若给环境下一个确切的定义，却并非易事，这不仅因为人们看待环境的角度不同，也因为人们对环境的认识和理解有一个不断深化的过程。

《辞海》给环境下的定义是"周围的状况"，说法似显笼统，因为既然是"周围的状况"，就必然涉及是"谁"的周围或"什么东西"的周围。为此，笔者以为，可以给环境下一个如下的定义：环境乃是影响主体生存与发展的外部条件。这里所说的影响，既含积极的影响，也含消极的影响。这里所说的主体，既包括人、动物、植物等生命体，也包括各式各样的非生命体。

不同的主体，各有赖以生存与发展的环境，一旦环境改变或消失，就会给其生存与发展带来危机和危险。北极熊和企鹅分别活跃于北极和南极，是因为那里具备它们生存、繁衍的外部条件，即由气候、冰雪、海洋和食物等构成的环境。如果环境恶化了，它们的生存和繁衍就会受到影响和威胁，甚至严峻的挑战。动物的情况如此，人、植物和非生命体的情况也如此。

二、人的环境

影响人类生存与发展的外部条件相当多，归纳起来共有三大类，即自然环境、人工环境和社会环境。这三类环境共同影响人类的生存与发展，同时，每类环境又分别对另外两类环境产生有利或不利的影响。

（一）自然环境

自然环境包括阳光、空气、土壤、山脉、江河、湖海和动植物等。时下，人们常说"保护环境"，指的就是自然环境。

自然环境就其本意而言，是由自然物构成的。这里所说的自然物，应指那些非人工制造也从未受到人们扰动的物质存在。但从现实情况看，上述自然物在地球上已经不复存在了。因为人类的活动，特别是进入工业社会之后的活动，几乎直接和间接地扰动了地球上所有的自然物。单说由于人类活动而引起的气候变暖，就几乎毫无例外地、或多或少地影响了地球上所有的动物、植物和其他自然物。

有些动植物，如人工饲养的家畜和家禽、改良的水稻和嫁接的果树等，受人类影响相当明显。对于它们究竟还能否算是自然物的问题，学术界的意见并非一致。笔者的看法是，在研究人类的环境时，依然可以把它们视为自然物。因为它们的基本性质是自然给予的，人类所施加的影响只不过改变了其中的一部分，而不是全部。

人与自然环境的关系，与生产方式相联系。不同时期和不同地域的人，与自然环境的关系，具有不同的表现。从人类发展的总体看，人与自然环境的关系大体上可以划分为三个阶段，或称三个时期："天人合一"时期、"天人相分"时期、"天人合和"时期。

1. "天人合一"时期

人类处于采集和渔猎经济时，对自然现象尚无科学的认识。人们依赖自然，通过采集野果、捕获动物，充饥和遮体，同时又对自然充满恐惧，不知风雨、雷电、洪水、雪崩、地震为何物。正像马克思所说："自然起初是作为一种完全异己的、有无限威力的和不可制服的力量与人们对立的，人们对它的关系完全与动物同它的关系一样，人们就像牲畜一样服从它的权力。因而，这是对自然的一种纯粹动物式的意识"。

进入农耕时期，是人类文明的一大进步。此时的人们已经有了不少数学、医学、天文和历法方面的知识。他们在依赖和恐惧自然的同时，开始利用自然和改造自然，如驯化并饲养家畜与家禽，按时令播种和收获果蔬与谷物，开荒种地和引水灌溉，治理水患和植树防沙等。但从总体上看，依然处于"靠天吃饭"的状况。

综观采集、渔猎和农耕时期的状况，人类对自然的态度主要是恐惧、敬畏、顺从和依赖。人类没有大面积地、高强度地与自然相冲突，自然环境也没有因为人类的活动而遭受严重的破坏。因此，这个"天人合一"的时期也被称为"自然中心主义"时期。

2. "天人相分"时期

发端于18世纪的工业革命，将人类带入了工业文明时期。以使用蒸汽机为标志的大工业生产，给人类带来前所未有的财富和便利，也使人们看到了自身的威力。人们自信满满，对自然已无敬畏之心，自以为凭借机器的力量不仅能改造自然，还能征服自然、战胜自然。于是乎，一方面毫无节制地向自然索取资源，一方面又无视对于自然环境的破坏，直到受到大自然的惩罚，才如梦初醒般地意识到自己的生存和发展已经受到了严重的威胁。

工业文明以高度发展的科学技术为基础，凭借科学知识和机械装备，人类在了解和征服自然方面已经达到了前所未有的广度和深度。然而，也正是在这一过程中，人与自然的对立被大大强化，本来保持平衡的生态受到严重的破坏。令人始料未及的是，在与自然争夺生态主导权的交锋中，人类明显地受到了自然的反制。正像马克思所说的那样："随着人类愈益控制自然，个人却似乎愈益成为别人的奴隶或自身卑劣行为的奴隶"。[1]

"天人相分"时期也被称为"人类中心主义"时期。

3. "天人合和"时期

20世纪之后，受到自然惩罚的人类逐渐改变了观察人与自然关系的视角。人们逐渐明白，人并非万物的主宰，而只是万物的一部分，人只能与万物和谐相处，而绝无随意处置万物的生杀大权。也正是从这时开始，人类开始步入生命文明的新阶段。

与生命文明这一概念相联系的是生态文明。生态，即生存的状态，共有两个方面的含义：一是自然物与自然物的关系；二是自然物与人的关系。由于生态学着重研究"关系"，因此，常常被人们强调为研究"关系"的学科。生态是一个网络系统，这个网络是由众多环节构成的，包括人类在内的任何一个环节都不能脱离其他环节而存在。任何一个环节的盛衰存亡都会直接间接、或大或小地影响其他环节的生存与发展，包括人类的生存与发展。科学家把这个网络系统称为生态圈，维持这个生态圈就是维持生态的平衡。

"天人合和"时期也称"生命文明"时期、"生态文明"时期或"生命中心主义"时期。

从人类文明发展的总体进程看，"天人合一"时期随着采集、渔猎和农耕经济的结束已成过去；"天人相分"时期随着工业社会向后工业社会（又称信息社会）过渡而进入后期；"天人合和"时期已经开始，它以后工业社会为背景，将把人与自然的关系引领至一个崭新的阶段。

由"天人合一"走向"天人合和"不是简单重复，而是螺旋式上升。"天人合一"以自然为中心。"天人合和"以生命为中心，追求的是生命整体的和谐与平衡，最终目标是使生命状态达到一个更加美好的新高度。

回顾人与自然相处的历程，人们应该明白一个道理：实现人与自然的和谐共处，首先要对人与自然的渊源和利害关系有一个清醒的、深刻的认识。

第一，自然是人类生命的源泉。人类源于自然，是自然的一部分，自然是人类的母亲。亲近自然、热爱自然是人之天性。

第二，自然是人类生活的家园。人类的生存与发展离不开阳光、空气、水、动物、植物等自然物；自然为人类提供必需的生活资料和生产资料；自然还为人类提供广阔的生存和发展空间。破坏自然就是自断生路，破坏自然就是自毁家园。

人类要依靠自然，利用自然，也可以在不毁坏自然的情况下改造自然，但绝不可只途眼前利益和局部利益而破坏自然，否则，不仅会危及自身的生存与发展，还会危及子孙后代的生存与发展。

第三，自然是人类共处的对象。人与自然是一个统一体，存在着一损俱损、一荣共荣的关系。不可否认，自然对人类的生存与发展也有许多限制和影响，如旱、涝、台风、地震、海啸等，都会给人类带来麻烦，甚至巨大的灾难。对于这些，人类只能通过提高科学技术水平，不断加深认识，掌握内在规律，采取有效措施，以减少和减轻其危害的程度。

总之，人与自然密不可分，自然成就了人，人也影响自然。人若破坏自然，自然就会惩罚人。唯一的选择，就是人与自然和谐共处，实现人与自然的协调发展。

（二）人工环境

人工环境是由人造物构成的。典型的人工环境是由建筑和道路等构成的城市与乡村以及连接这些城市与乡村的公路、铁路等。

3

　　伴随人们生老病死的建筑、城市与乡村也有一个循序渐进的发展过程。从早期的"穴居"和"巢居",到之后的聚居,再到当代的城市与乡村,记录着人类文明的发展历程,也展示了人类文明不断进步的成果。

　　如今的城市与乡村为人们提供了居住与生活的空间,也为人们提供了从事政治、经济、文化、商业活动和休闲娱乐的条件。其舒适、便利程度绝不是早期的住屋和聚落所能比拟的。然而,正是这些本来可以让人们为之自豪的人工环境,却为人们带来无限烦恼,甚至严重的危害。这是因为,当下的诸多城市无论从自身的功能看,还是从对自然环境和社会环境的影响看,都存在着明显的缺陷和问题。

　　如今的城市,建设的手笔越来越大,投资越来越高,"地标"越来越多,面貌越来越新,但仔细走走看看,却常常让人产生千城一面、大同小异之感。置身其中,只觉空间失当,交通拥挤,人流密集,排涝不畅,甚至连日常生活也失去了许多的便利(图 1-1)。

图 1-1　典型的当代城市

　　不同城市各有自己的地理背景、历史背景和文化背景。规划和建设理应具有不同的思路,但不少城市的规划和建设却只顾空间拓展,只顾所谓的形象,而忽视自身的背景，以至于特色消失，文化内涵贫乏，艺术价值大打折扣，甚至连百姓最基本的生活需要也未能得到很好地满足。

从城市对自然环境的影响看，不少城市车满为患，噪声严重，空气污浊，雾霾频发，垃圾围城的现象也屡见不鲜。

从城市对社会环境的影响看，最集中的表现是人与人日益疏离，正像有人半开玩笑所说的那样：身体上的距离越来越近了，情感上的距离越来越远了，而这一点却恰恰是产生诸多社会问题的根源。

出现上述问题原因是多方面的，但重要原因甚至是最根本的原因是某些城市的规划与建设忽视了人的需求。人是城市的主体，城市是人的家园，满足人的需求是城市规划与建设的出发点和落脚点。"目中有人"，城市才能"让生活更美好"；"目中无人"，就会出现上述种种问题。

乡村的整体环境本来应该好一些，因为，乡村历来都与绿水、青山、蓝天、白云、鸟语、花香相联系。但如今的某些乡村，不仅人工环境落后，就连本来还好的自然环境也受到了威胁和破坏。原因之一是，周边企业排出的废气、废水、废渣等，直接污染了乡村的空气、水体和土壤；原因之二是某些乡村在自身发展中急功近利，为了追求眼前的经济利益，自毁了自己的家园。

（三）社会环境

社会环境涉及政治、经济、文化、教育和宗教等诸多方面，与自然环境、人工环境一样，影响着人们的生存与发展。

就个人而言，社会环境的影响是通过国家、团体、学校、家庭等不同层面实现的。这些影响可能是正面的，也可能是负面的。有些国家战乱不断，长期处于贫困状态，人们的生存尚难保障，全面发展当然无从说起。这种社会环境对人的生存和发展的影响就是负面的。

自然环境、人工环境与社会环境相互关联、相互制约，是一个不可分割的整体。自然环境与社会环境会影响人工环境的营造；人工环境的好坏也会对自然环境与社会环境产生积极或者消极的影响。

三、建 筑 环 境

（一）建筑环境的概念

广义地说，建筑环境应该包括城市、社区、建筑群、建筑单体和建筑内部大大小小的空间环境和外部环境。本书所说的建筑环境应属狭义建筑环境，指的是以建筑实体为依托的内部环境和外部环境。内部环境以建筑内部空间为基础，由家具、陈设、装修、装饰、灯具、色彩、图案、绿化及小品等构成，如住宅、商店、餐厅、舞厅、办公室、教室等的内部环境。外部环境系指建筑用地内围绕建筑实体的外环境，由广场、道路、场地、绿化、水景、石景以及亭、廊、花架、路灯、座椅等小品共同构成，如居住区、校园、厂区等。

建筑环境属人工环境。其范围有大有小，城市是较大的建筑环境，厅、堂、室的内部环境则是较小的建筑环境。不同层次的建筑环境相互制约，相互作用，构成建筑环境的整体。提高任何一个层次的品质，都将有利于整体环境的改善。

应该特别指出，建筑环境的主体是人，建筑环境是由人营造的，又是为人营造的，没有人，建筑环境也就失去了存在的价值。从这个意义上说，建筑环境应该理解为由建筑、内外环境和置身于其中的人共同构成的有机体。

（二）建筑环境的属性

了解建筑环境的基本属性，有利于了解建筑环境的本质和价值，也有利于了解建筑环境美学的特点和意义。

建筑环境的基本属性可以从几个不同的视角去观察。

从建筑环境与人的关系看，它既有物质属性又有精神属性。说它具有物质属性，是指它基本上以物质形态而存在，需要借助材料、设备、技术等物质手段实现，并能满足人们的物质需求。说它具有精神属性，是指它能够在一定程度上寄托人的思想情感，可以给人启迪教育，可以满足人的审美需求。

从建筑环境存在的条件看，建筑环境具有地域性、民族性和时代性。建筑环境要存在于一定的空间和时间内。地域性和民族性反映建筑环境与空间的关联；时代性反映建筑环境与时间的关联。

任何一个建筑环境都必然是特定地域的环境，受该地域自然条件和社会条件的影响。该地域可能为建筑环境的营造提供种种便利，如提供丰富的地方材料，提供成熟的传统工艺，促进建筑环境形成具有特色的空间和风格等。该地域也可能给建筑环境的营造带来种种困难，如气候条件相对恶劣、地质地貌相对复杂等。面对后者，建筑环境营造者要善于扬长避短、趋利避害、因地制宜，不但不为各种不利因素所累，还要充分利用它们，使建筑环境的地域特色更加突出。

民族性与地域性密切相关，涉及历史、文化、宗教、习俗和特有的生活方式。建筑环境的营造者要充分尊重和发扬民族的优秀传统，使建筑环境为人们乐用和乐见，并能形成独特的风格。

地域性和民族性是凸显建筑环境特色的根本原因。正是不同的山川地貌、民风民俗、历史遗迹，以及不同风格的建筑造型，使建筑环境各有特色，使北京与东京不同，使苏州与威尼斯不同……

时代性反映建筑环境所处时代的特点，包括政治、经济、文化、科技状况，特别是生产力发展的水平。不管建筑环境的营造者是否有意而为，建筑环境总要打上时代的烙印。然而，也正是因为如此，建筑环境的营造者应该主动地、自觉地跟上时代的脚步，适应时代的要求，反映时代的进步，让建筑环境的时代特点更加鲜明。

建筑环境是人类文明的窗口，是人类文明、科学技术、文化艺术发展的缩影。任何一个民族的文化历史特征，都将淋漓尽致地表现在那个时代的建筑环境中。

四、建筑环境设计

（一）建筑环境设计学科的形成

建筑环境属于人工环境，是由人（包括专业人员和非专业人员）设计和营造出来的。诚然，在建筑环境中具有许多自然物，如花、草、树、石、水体及观赏动物等，但它们都已不是原生的自然物，而是由人选择、加工、配置过的人化了的自然物。这些选择、加工、配置等过程，实际上就是设计的一部分。

建筑环境设计是建筑环境营造工作中十分重要的部分，建筑环境品质的优劣，在一定程度上就取决于建筑环境设计水平的高下。

作为人类的一种实践活动，建筑环境设计已有很久的历史。可以说，自有建筑环境之日起，也就有了关于建筑环境的设计。"穴居"和"巢居"是人类最早的建筑环境，简单至极，但就是如此简单的建筑环境，同样有一个设计过程，只不过这一过程不是由诸如今日的专业人员完成的，而是由先人们自己完成的。进一步说，中国传统建筑中的所谓"内檐装修"，其实就相当于今日的建筑内环境设计，即室内设计。中国传统庭院和古典园林设计，则大体相当于今日的建筑外环境设计。

建筑环境设计学科的形成大大晚于建筑环境设计的实践，在我国，只有三四十年的历史。

任何一个新学科的形成，大致都要经历三个相互衔接的阶段。一是适合社会的需要，响应时代的呼唤。建筑环境设计学科的形成，是建筑类型日益丰富多样，人们对建筑环境的要求越来越高的结果，是建筑环境发展到一定程度所引起的必然。二是经过大量实践，积累较多的经验。以中国为例，改革开放以来，建筑环境设计行业飞速发展，任务规模急剧增加，从业人员日益增多，设计水平明显提高。这一切不仅对建筑环境设计学科的形成提出了迫切的要求，也为建筑环境设计学科的形成提供了充分的条件。三是在实践基础上走向理论建构，形成明确的研究对象、研究方法和学术路线。

新学科的形成途径有两种：一种是伴随新型科学技术的出现而形成的，如计算机方面的一些学科；二是从传统学科中分离出来的，如从传统医学学科分离出内科、外科和骨科等。

建筑环境设计学科是从传统建筑学科中分离出来的，也正因如此，建筑环境设计学科始终与建筑学科具有千丝万缕的联系。

建筑，是一个古老的学科。早期的建筑，设计师和施工的主持者往往就是同一个人。如清朝的皇室建筑包括宫殿、陵墓、圆明园、颐和园等工程就是由号称"样式雷"的雷氏家族统一负责设计和营造的。随着建筑的发展，传统的建筑学科出现了设计、施工、监理等分支，经过大量实践和理论上的完善，设计、施工、监理等则分别成了独立的学科。之后，"设计"出现了建筑设计、结构设计、电气设计、给水排水设计和供热通风制冷设计等分支，工作上各有自己的专业队伍，理论上也各自形成了具有明确研究对象的学科。

我们正在讨论的建筑环境设计包括两部分内容：一是建筑内环境设计，即室内设计，二是建筑外环境设计。这两部分设计，在三四十年之前，都是建筑设计的内容，但至今天，均已形成了独立的专业和学科。从实践方面说，已有专门的专业队伍从事室内设计和建筑外环境设计；从理论上说，建筑环境设计已经成为独立的学科。这充分表明，实践促进理论的形成与发展，实践也需要理论的阐释和

7

指引。

（二）建筑环境设计学科与相近学科的关系

任何一个从传统学科中分离出来的新学科，在内涵上都会与曾经孕育过它的传统学科存在诸多交叉、重叠和渗透。这种现象，在分离之初会十分明显。随着新学科不断成熟，交叉、重叠和渗透的情形会逐渐减弱，但仍然会有许多必然的联系。

孕育建筑环境设计的学科是建筑设计，与建筑环境设计相关、相近的学科还有城市设计、风景园林设计和城市景观设计等。为了把它们的区别和联系说清楚，特对它们各自的内涵作如下表述：

城市设计：以城市规划为基础，对城市的各区域如行政中心、商业区、金融区、文化区、主要广场等进行更加具体的规划设计。设计深度介于城市规划与建筑设计之间。

风景园林设计：含国家公园、湿地公园、城市公园、植物园以及大片绿地和绿道的设计。建筑环境特别是建筑外环境与风景园林有许多相似之处，如都有花草树木等自然物，但两者之间，又有明显的差异。最大的差异是，建筑环境以建筑为依托，环境要素及配置要与建筑相呼应。而风景园林中，建筑的分量相对较少，即便有些建筑，也都处于从属的地位。

城市景观设计：含城市中重要的标志物、大型水景、夜景照明、城市雕塑等的设计，可能独立成景，也可能成为城市设计或风景园林设计的一部分。

建筑外环境设计：指建筑用地范围内的外部环境设计，如居住区、学校、幼儿园、工厂、机关等的外部环境设计。

建筑内环境设计：即室内设计，包括办公楼、商店、航站楼、火车站、餐馆、歌厅、住宅等各种内部空间场所的设计。

展示设计：随着大型展示活动的增多，展示设计逐渐从室内设计中分离出来，已初步形成独立的专业和学科。展示设计的主要任务是针对大型展览进行展区划分，完成展示方式、展具、照明、标志等设计。

（三）建筑环境设计与建筑设计的关系

建筑环境设计既然脱胎于建筑设计，它与建筑设计之间就必然存在更多的联系。为此，应该较为详细地分析一下它们的共性与差异。

建筑环境设计与建筑设计的共同点是：都要充分考虑基本属性，包括物质性与精神性，地域性、民族性与时代性；都要充分考虑材料、工艺、设备等技术条件和经济因素；都要充分考虑造型，努力提高自身的艺术性和审美价值。

建筑环境设计与建筑设计的不同点主要表现在以下几个方面：

第一，设计的针对性不尽相同

一幢城市住宅楼可能有几十个甚至上百个住户，但从总体上看，他们必然是一个经济状况大致相同的群体，设计该住宅楼的建筑师需要考虑的是这个群体的需求。与此相对的是，设计室内环境的设计师则要分别面对几十个甚至上百个住户，有针对性地考虑每个住户的需求。因为这里的每个住户都有与他人不同的家庭结构、职业经历、文化背景和审美趣味，都会对自己住宅的内部环境抱有与他人不同的期待，都会提出与他人不同的要求。

再以写字楼为例，设计一幢巨大的写字楼，需要考虑的是实力相近的众多企业的需求，提供能够满足他们办公要求的空间、交通设施和各种设备。设计写字楼的建筑师在设计写字楼时不可能也没必要事先知道会有哪些企业进驻这幢写字楼。室内环境设计则与此不同，他们面对的是一个个具体的企业，如某某科技公司、某某商贸公司、某某设计公司等。这一个个的公司，业务范围不同，规模大小不同，职工人数不同，主要领导对办公环境的期待也不同。这就要求室内设计师必须针对每个公司的特殊要求进行设计，提供不同的空间布局、家具设备、装饰与装修，乃至不同风格的造型。

内部环境设计如此，外部环境设计也如此。以由若干独立别墅组成的别墅群为例，建筑实体可能只有几种类型，甚至只有一种类型。设计别墅的建筑师关心的是总体布局、空间组合、造型艺术和技术经济方面的问题。外环境设计师的情况则与此不同，他必须了解每个业主的需求，诸如是否设计泳池，是否堆砌假山，如何进行绿化等，以便设计出符合某先生或某女士的特殊要求的外环境。

上述情况表明，建筑设计的服务对象往往是一个或大或小的群体；建筑环境设计的服务对象往往是某个公司、某个住户甚至是某个个人。

所以出现上述情况，皆因每个人都同时具有群体性和个体性。

人都是社会的人，其生存和发展都与社会具有千丝万缕的联系。他们要从社会的政治、经济、文化、教育等领域取得信息；他们要或多或少地参加上述领域的活动；还要从上述领域取得服务和帮助。这样，人们就必然会形成一些相似的心理过程和审美倾向，以及相似甚至相同的物质需求和精神需求，显示出人的群体性。

人又是具体的人，其生存和发展不仅受社会影响，还与遗传基因和特殊经历有关系。因此，人与人之间必然会在个性特征如好恶、习惯、兴趣、审美趣味和品位等方面表现出或大或小的差异，显示出人的个体性。

建筑设计与建筑环境设计都应同时考虑人的群体性和个体性。但相对而言，建筑设计会更多地关注人的共同需求，即人的群体性；而建筑环境设计会更多地关注人的特殊需求，即人的个体性。

第二，设计成果的时效不尽相同

建筑实体的使用年限可达几十年或上百年，有些现存建筑甚至已达数百年。它们历尽沧桑，见证历史，被称为"石头的史书"。与建筑实体相比，建筑内外环境的存在年限则比较短，除部分宫殿、教堂、寺庙等重要建筑外，一般建筑的内外环境只能完整地存在三五十年甚至十几年。据考察，日本东京的西服店，店面装修的更新期大约为一年半；上海的餐厅、理发店、照相馆、服装店的店面装修的更新期为二至三年；酒店、宾馆的装修更新期为五至七年，局部的小改小动几乎随时都在进行。

所以出现上述情况，至少有两个方面的原因。其一，是所用材料坚固耐久程度不同。建筑实体的材料如砖石、混凝土、钢铁等相对坚固，耐久性好。相比之下，内外环境所用的材料如内环境中的窗帘、地毯、蒙面织物、涂料、油漆、壁纸以及外境中的花草、铺地和建筑小品等则容易受到污染和损坏，客观上就需要不断地维修和更换。其二，是人们的审美倾向常常随着时间的推移而改变。与建筑实体相比，建筑环境，特别是建筑内环境容易受到流行时尚的影响。流行时尚是审美中一种常见的文化现象。建筑环境设计中的流行时尚与多种因素相关，但从根本上说，它是一种以个体方式表现出来的群体心理，是"从众心理"在建筑环境的艺术风格演变中的具体表现。建筑设计也受流行时尚的影响，但建筑环境设计受流行时尚的影响更为明显和强烈。流行时尚对建筑环境设计的影响面更广，涉及家具的款式、色彩的调配以及装修材料的种类等诸多方面；流行时尚对建筑环境的影响周期更短，一种新的风格、款式或做法可以很快兴起，也可以很快衰退和消失。流行的表象是相互模仿。这一点，也是建筑环境不断小修小改甚至不断更新的原因。

第三，表现的意义和手段不尽相同

建筑与建筑环境都能通过自己的形象反映社会生活，表现一定的思想情感，并给人以美感，但表现的侧重点不尽相同，采用的手段也不尽相同。

从表现意义方面看，建筑似乎更具有使命感，总是希望能表现出更多的"历史性"。这是因为建筑与历史传统、社会文化、思想观念、政策法规及整个城市环境关联度较大，有可能以更加广阔的视野观察社会生活和表现社会生活。与建筑相比，建筑环境会更多地表现"现实性"。因为它与人们的生活方式、行为、习俗、兴趣、好恶等息息相关，更加接近流行时尚和人们的消费观念及方式。

从表现手段看，建筑侧重以点、线、面、体、色彩、肌理、光影等为语汇，按形式美的基本法则进行造型，使建筑具有形式美，进而形成或者庄重、或者活泼、或者豪华张扬、或者简朴安静的气氛。建筑也能体现人们的思想与情感，但偏于概括和抽象。与建筑相比，建筑环境的构成要素多，不仅有人造物，还有自然物和艺术品，这就决定了它可以动用多种构成要素，表现更加丰富和具体的主题与内容。

第四，手法的细腻程度不尽相同

相对而言，建筑设计侧重大效果，建筑环境设计则同时关心总体和细节，从而采用更加细腻的手法。

建筑体量较大，人们欣赏建筑往往会与建筑拉开较大的距离，因此，建筑设计师在关心细节的同时，必须更加关心建筑形象的大效果，如体量、比例、色彩以及与周围环境的关系等。

建筑环境，特别是建筑内环境空间范围相对较小，构成要素大都位于人们的身边和眼前，因此，必要采用更加细腻的手法，在保证造型的大效果的同时，处理好各个细节，确保人们走近欣赏时，仍然能有一个良好的实际感受和审美效果。

建筑环境设计与建筑设计的不同远远不仅上述四点，如采用的语言和表达的方式同样存在着一定的差异，关于这些，将在以后的章节中加以介绍。

（四）建筑环境设计的任务

作为实践活动的建筑环境设计，根本任务是：以建筑实体为依托，以技术和艺术为手段，以多种自然物、人造物和艺术品为要素，全面顾及人的物质需求和精神需求，充分考虑地理、社会、文化、历史、民族、生态等因素，为人们的生存、生活和可持续发展创造理想的外部环境和内部环境。

作为学科的建筑环境设计，根本任务是：以建筑环境设计的基本理论为对象，全面研究影响建筑环境的因素，建筑环境设计的发展趋势，建筑环境设计与相关学科的关系，以及建筑环境设计的理念、原则、内容和方法等。

（五）建筑环境设计活动的本质

当代建筑环境设计与人类早期的筑屋活动不同，与后来由业主和少数文人墨客修建宅院、营造园林的活动也不同。它与整个社会文化紧密地联系在一起，既是一种工程技术活动、艺术创造活动、社会文化活动，也是一种与市场相关的商业活动。建筑环境设计活动的上述特点，共同反映它的本质。充分认识这些特点，有助于建筑环境设计健康地发展。

首先，建筑环境设计活动是一种工程技术活动。建筑环境设计成果要以物质材料为载体，以工程技术为手段。无论什么样的造型和风格，都要通过物质材料和工程技术来表现。物质材料和工程技术是营造建筑环境的必备条件，有时也可能成为限制设计活动的因素。为此，设计师一定要熟悉材料和技术，善用材料和技术，既要创造实用、美观的建筑环境，又要体现技术经济上的合理性。

其次，建筑环境设计活动是一种艺术创造活动。建筑环境属于实用艺术，因此，一定要把设计活动从一般的造物实践提高到艺术创作的水平。要充分利用物质材料的丰富性，在对其加工、改造的过程中，展现设计师的创造力，让物质材料本身就具有审美性；要尽量让物质材料体现一定的思想感情，成为社会生活的反映。

建筑环境应该对人的心灵有所触动。由此，设计过程也必然是一个艺术创作的过程。

再次，建筑环境设计活动是一种社会文化活动。其要以社会文化的现状为出发点，对社会文化的发展保持必要的敏感，直接反映社会文化的变化，并以社会文化方面的判断作为衡量建筑环境设计优劣的重要标准。建筑环境设计当然要重视空间和造型，但绝不能脱离社会文化孤立地考虑空间和造型。因为经济的转型、消费文化的凸显、思想观念的更新等早已广泛而深入地渗透至建筑环境设计中。当今的人们更加关注环境的舒适、安全、方便和个性，但也容易从众、攀比和炫富。对于诸如此类的思想观念，设计师必须认真分析，加以过滤，有选择地吸纳和引导。

总之，建筑环境设计是人类运用艺术手段和技术手段所进行的一种文化创造活动。一方面，它类似于强调感性的艺术活动；另一方面，它又类似于强调理性的科学活动。它反映特定时代的生产方式、生活方式和社会状况，还涉及价值观念、思维方式、道德观念、审美观念和民族心理观念等。

最后，建筑环境设计活动还是一种商业活动。商品经济的发展已使商业活动的规律和原则渗透至社会的各个领域，包括建筑环境设计领域。如今的建筑环境设计不是"自说自话"的"家事"，也不是设计师随心所欲的游戏。它涉及策划、设计、施工、营销、预算、决算和"售后服务"等多个经济环节。这就要求设计

11

师必须学会按经济规律办事，正确处理实用、审美与经济之间的关系，兼顾建筑环境设计的社会效益、环境效益和经济效益。

注释：

[1] 《马克思恩格斯全集》第 12 卷，北京，人民出版社，1962 年版，第 4 页。

第二章　建筑环境美学——一门新兴的门类美学

为了显示建筑环境美学与实用美学和传统美学的联系，也为了使过去接触美学知识较少的读者，能够更好地理解建筑环境美学的内容，本章将对传统美学和实用美学的基本问题作一些简单的介绍。由于传统美学中的一些基本问题至今仍然难有定论，故在介绍中罗列了一些不同的观点和结论，供读者作为今后学习的线索和深入研究的参考。

一、传统美学简介

传统美学涉及的主要问题有什么是美、美的本质以及美学的对象等。

（一）什么是美

对于这个美学中的首要问题，中外美学家、思想家和心理学家已经进行了长期的探究，如果从雅典哲学家柏拉图算起，至今已有 2500 多年的历史。柏拉图从哲学高度正式提出美是什么，不同的学者也从不同角度回答了这一问题，但至今仍无定论，以致使"美是什么"这一美学中最为基本的问题，成了千古难解、未解的问题。

"什么是美"与"什么是美的东西"是两个不同的概念。"美的东西"涉及具体对象、现象和事物，可按主观爱好和具体情况进行判断，如某人认为某幢建筑很美，而另一个人又以为不美等等。而"美是什么"讲的是所有的对象、现象和事物为什么美，这就涉及美的根源和本质。

美学家对什么是美，大致有以下一些观点：

第一，以具有典型性者为美，即"美在典型说"。在他们看来，某些对象、现象和事物能够显著地表现客观现实的本质和真理性。由此可以认为，美就是客观现实最本质、最真理性的形态。这种观点的问题是不能反证，因为有些具有典型性的客观现实并不美。"美在典型说"的代表人物是古希腊的苏格拉底。

第二，认为美即美感。持这种观点的学者认为，美与美感是一回事：作为美，人能感受就存在；不被人感受就不存在。这种观点的可贵价值在于把美与人紧密地联系在一起，问题是完全否定了客观现实的价值，好像美与客观现实毫无关系。

第三，认为美是主观与客观的统一。在这些学者们看来，美是客观方面即某些事物、物质和现象符合主观方面的意识形态，进而彼此交融，成为一体的那种状态。

第四，认为"美在形式"。公元前 7 世纪的古希腊哲学家和大数学家毕达哥拉斯为这一观点的代表人物。毕达哥拉斯强调，美即是"数"，"数"即宇宙形式，因此，美有数量、和谐、秩序之意。毕达哥拉斯的这一观点，对古希腊建筑形式影响极大，当时的神庙等建筑，在体现数与和谐、秩序方面表现得极为充分。

第五，认为美在"自然的人化"。李泽厚说："自然的人化包含外在自然和内在自然。前者使实体世界成为美的现实；后者使主体心理获得审美情感。前者是美的本质，后者是美感的本质。"[1]这里所说的"自然的人化"系指通过人类的基本实践使整个自然逐渐被人征服，从而与人类社会生活的美学关系发生了改变。改变的形式有两类：一类是直接的，如开荒垦田、驯养动物等；另一类是间接的，如自然界的花鸟鱼虫被人所欣赏等。

（二）美的起源

自脱离动物之日起，人类就开始了美的欣赏与创造，但关于最早的审美意识究竟是怎样产生的，一直存在诸多说法，以致到今天为止仍然难于找到直接的证明。关于审美意识的起源，有"游戏说"、"巫术说"、"舞蹈说"、"味觉说"、"劳动说"、"装饰说"等多种说法。

"装饰说"认为，依靠考古发现的实物，包括打制、磨制的石器、骨器和后来的陶器与玉器，可以看到人类的祖先已经有了一些初步的审美要求和审美意识。而那些石珠、兽牙、贝壳等佩饰，特别是染成黄、红、绿等颜色的佩饰，显示出的审美要求和审美意识则更浓烈。因为，从这些佩饰中，可以清晰地看到，先民们选择造型、材料和颜色的能力已经有了明显的进步。

洞穴壁画为研究人类早期的审美活动提供了新的依据，它们多以动物为题材，所画内容与人的劳动实践紧密相关；它们造型生动，说明人们在描摹形态和使用色彩方面已经具有了很强的能力。由此，有不少学者认为，从洞穴壁画中应该能够找到人类审美意识的起源。

有些学者，从汉字中解读美的起源，认为"美，甘也，从羊从大"，并因此认为人类的审美观念和审美意识起源于物质对象的口味所引起的愉悦感，并因此得出所谓的"味觉说"。

有些学者，提出"巫术舞蹈说"，认为"美"可以分解为"羊"和"人"，人羊共构，含有巫术舞蹈的意义。与其他说法相比，这种说法更加强调了早期审美意识中关于精神情绪的满足，有了一些"超功利"的意义。

不论如何解释审美意识的起源，但有一个基本点几乎已为整个学界所共同认可，那就是美的产生与生产实践紧密相连，美是随着生产实践的产生而产生的。这就是所谓的"劳动说"。

必须看到，美是客观事物的本身所具有的自然属性，这是美赖以存在的客观条件和物质基础。正是由于客观事物本身在形状、结构、色彩等方面存在美的因素，才能引起人的美感。

然而，非常重要的是，虽然美是客观事物的一种自然属性，不依赖人的主观意识而存在，但它只有潜在的价值，离开人，离开生产劳动，离开人类社会实践，仍然无法转化为现实的审美价值，并最终成为人们审美的对象。

14　是人的生产劳动创造了美，所有类型的美，包括社会美、艺术美和"人化的"自然美，都是人类劳动的产物。

1. 劳动创造了"人化的"自然美

自然现象有两种状态：一种是未经人类认识和改造的自然；一种是经过人的实践被人认识和改造的自然，即"人化了的自然"。

人和动物都来于自然，都离不开自然，但人与动物截然不同，"动物和它的生命活动是直接统一的。动物不把自己和自己的生命活动区别开来，它本身就是这种生命活动。人则使自己的生命活动本身变成自己的意志和意识的对象。"[2] 人具有自我意识，人具有意志能力、思想能力和实践能力。通过这种人的本质力量的对象化，人可以在认识和改造自然的实践中，实现自然的人化。使自然物满足自己的需要，包括具有"人化的"自然美。

经过人类的实践，特别是生产劳动所改造的自然不一定都是美的，但凡是美的自然物必然都是"人化的"自然物。如建筑环境中人工叠砌的假山，人工开挖的水池，人工栽植的大片草坪，人工培植的花卉等。

2. 劳动实践创造社会美

社会美指社会生活中的美，它不仅是劳动实践的产物，也是劳动实践的体现。

历史告诉我们，在生产劳动和社会实践中，人类既改造自然，也改造自己。在创造物质财富的同时，也创造自己。正是生产劳动让人们创造了可以制作和使用工具之手，创造了可以直立和行走的下肢，创造了具有高度思维能力的大脑，创造了可以充分交流思想的语言。在这种情况下，人类可以创造大量的物质成果，并为此而享受到审美的愉悦。而劳动过程本身也成了人类尽情发挥自己才能智慧的舞台。

社会美之所以产生，还因为人是社会的人，人的社会化过程也是人在劳动实践中接受人、认识人、正确处理人与人之间的关系的过程。正是在这一过程中，人们逐步建立起对与错、真与假、善与恶、美与丑等概念，能够主动创造包括追求和肯定良好的品质和性格、积极向上的生活态度及团结协作的精神等社会美。

3. 劳动实践创造艺术美

艺术美是广泛存在于各种艺术中的美。而无论是原始艺术还是当代艺术，都离不开生产劳动和各种实践活动，正像恩格斯所说："仅就人来说，它不光是劳动的器官，也是劳动的产物。而且由于遗传下来的灵巧性以及越来越新的方式，运用于越来越新的复杂动作。在这个基础上，它才仿佛魔力似的产生了拉斐尔·莫内奥的绘画，托尔瓦多森的雕刻和帕格尼尼的音乐。"[3]

画家、雕刻家、音乐家的手和脑是劳动的产物。

画家、雕刻家、音乐家使用的材料、工具也是劳动的产物。

画家、雕刻家、音乐家创作的内容更是与劳动实践相关。正像人们所知道的那样：最早的歌声源自劳动中和实践中的呼唤与交流；最早的绘画题材多为射箭、投石、狩猎等场面，最早的舞蹈不过是稍稍作了一点抽象的劳作。

用今天大家都很熟悉也都很认同的话来说，艺术美是艺术家对现实美的反映，始终离不开丰富多彩的劳动实践和社会生活。

15

4. 美是动态发展的

美是动态发展的，因为既然是劳动创造了美，而人的劳动方式又是不断改变的，那么，由劳动产生的美也就不可能是一成不变的。美随着时代的进步而发展，随着生产方式的改变而改变。正像车尔尼雪夫斯基所说的："每一个时代的美确是，而且也是，应该是为那一时代而存在的。"人类发现美和创造美都是在一定的历史条件下完成的。一个时代消失了，属于这个时代的美也会逐渐消失（可能是一个相对缓慢的过程），新的美则会伴随新时代的到来而到来。殷国时期，盛行以饕餮为纹饰的青铜器。在现实世界中，并不存在饕餮这种动物，它是人们想象出来的形象，目的在于表现早期宗法制社会的威严、力量和意志。它展示的是狞厉美，表示的是初生阶级对于自身统治地位的肯定与幻想。这种狞厉美成了时代精神的体现，但随着那个时代的消失，盛极一时的饕餮纹饰和它所体现的狞厉美也就成了历史，被之后的新美所代替。

（三）美的本质

爱美之心人皆有之，爱美乃人之天性。但正像英国近代美学家卡里特所说："人类很少长期满足于仅仅创造或领悟美，而不试图也去理解它的所作所为。"[4] 于是，关于美是什么等等问题便成了理论研究的对象，因此也导致了美学的诞生。

关于美的本质的研究，大致有以下几种情况：

其一，是从精神方面进行探讨，其中又有两个分支：一个分支是从客观精神进行探讨，另一个分支是从主观精神进行探讨。前者以柏拉图、黑格尔等为代表，后者以康德为代表。

柏拉图是一位伟大的唯心主义哲学家，他最早提出美学问题，并逐渐把美学塑造成一个独立的体系。在他看来，现实事物的美都是美的理念的影子，艺术美就是艺术的影子。"理念"是柏拉图整个思路的中心，他认为可以感觉的、不停运动的、不断变化的世界不是真的，因而也是不可认识的。只有非感觉的、永恒不变的存在，才是认识的唯一对象，而这一存在就是他所谓的"理念世界。"

康德等从主观精神探讨美的本质，在这一行列中，还有一些现代美学家。

其二，是从物质方面探讨美的本质，其代表人物为亚里士多德。

亚里士多德认为，艺术实际上是对现实的模仿，人们借助模仿获得认识，并同时获得精神方面的满足。他认为美是一种善，正是因为善才能引起人们的快感。

其三，是从精神和物质的统一着眼，探讨美的本质，其代表人物有狄德罗和车尔尼雪夫斯基。

车尔尼雪夫斯基认为，艺术的任务不是简单地模仿自然，自然只是人类生活的环境，艺术应该描写人的思想、情感和行为，他的名言是"美即生活"。他解释说，任何东西，凡是我们在其中看见我们所理解和希望的、我们喜欢的那种生活，便是美。

马克思认为，美的本质与人的本质密切相关。因为人不同于动物，"人的本质是一切社会关系的总和。"[5] 马克思指出：人是有意识的动物，其特性是"自由自觉的活动"。所谓"自由"的活动，系指能够按着客观规律去改造世界；所谓

"自觉"的活动，就是能够按着自己的目的和要求去改造世界。这种自由、自觉的活动，体现了人的思想、智慧、意志和创造力，即人的本质力量。人们在认识和改造世界的过程中，将人的本质力量对象化，一方面物化在对象之中，见诸于客体，与此同时，又能从对象中"肯定自己"，"确证自己"，在关照对象的过程中感受满足和喜悦。由此可见，美的本质就是人的本质力量的对象化。美就是人类通过劳动实践，在客观对象中以宜人的物质形式所显现出来的对于人的本质力量的肯定和确证。简言之，在马克思看来，美的本质就是人的本质力量的显化，人的本质力量就是人在认识世界、改造世界中进行自由、自觉创造的能力。

美的本质事关美的现象、对象和判断，正确理解美的本质，对正确解释审美意识等，对正确理解艺术创作与欣赏中的诸多问题具有重要的作用。

（四）美的特点

1. 美的第一个特点是形象性

没有形象就没有美。不论是自然环境中的花草树木、日月星辰、名山大川，还是人工环境中的假山、喷泉都要以形状、色彩等构成形象，才能为人们所感知，才能使人们感受它们的美。离开了形象美就无从依附，就像灯光太暗，人们睁大眼睛也看不清舞台上的演出，灯光太强，睁不开眼睛，同样看不清舞台上的演出，因而都无法领略演出之美。

美的事物和对象不是抽象的概念、定理或定律，它首先应该为人们的感觉器官所感知，正像黑格尔所说："美只能在形象中见出，因为只有形象才是外在显现。"[6]

形象是一切美的事物和对象的必备条件，自然美和艺术美自不必说，就是社会美中的"品德美"、"心灵美"也要通过"行为美"等来体现。

说形象是美的必备条件，不等于说它是充分条件，因为并非所有形象都能产生美，能够产生美的形象应该是包含情感的形象，应该是能够引发人们喜悲爱恨的形象，更应该是具有性格的形象。

2. 美的第二个特点是情感性

在现实生活中，人与人、人与自然、人与社会存在着多方面的联系，其中一种很重要的联系就是情感联系。情感是感觉、知觉、情绪和想象的高级形态，具有一定的指向性和主观评价性。按《心理学大辞典》的解释，情感是"同情绪有联系又有区别的概念。从广义而言，它与情绪一样也是人对客观事物的态度体验。从狭义而言，它又不同于情绪，是和人的社会性需要相联系的一种复杂而稳定的态度体验。"

上述定义表明，情绪与情感有联系，而又互不相同。它们的相同之处表现为都是对于客观事物的态度体验，都是主体在心理方面的反应，不同之处是情感往往与社会性需要相联系。平常所说的愉悦属于情绪，在客体美与不美的问题上，能否引起主体的愉悦，也是一种最好的确证。康德早就指出，美的事物和对象应该具有令人普遍愉悦的特性。他还进一步指出，人们所以能在特定的情况下，产生愉悦感，是由于人具有共同的"心意状态"。这种"心意状态"是一种共同的生理因素和心理因素，是由于共同的物质条件和共同的历史背景而形成的。美的事物和对象所以能够引起人们普遍的愉悦，一方面是由于人们具有共同的"心意状态"，但更重要的是客观事物与对象本身就具有足够引起主体普遍愉悦的属性。

人们听到欢快的唢呐，可能产生愉悦感。欣赏二胡独奏曲《江河水》则可能产生强烈的情感反应。《江河水》那如泣如诉的旋律，那悲切呜咽的曲调，可以感人肺腑，可以击中人们心灵中最为柔软的部分，产生出极大的情感力量。

能够引人愉悦，自然是美所必备的特性。能够打动人的心灵，驱使人们在形式体验中去感受内涵的感染力，引发强烈的情感反应，则是美所必须具备的、更为重要的特性。

3. 美的第三个特性是社会性

美的社会性有两层含意：其一，美是社会的产物；其二，美具有社会功利性。

美是社会现象，众多美的形态都与社会生活和人的实践相联系，美的社会性是不言而喻的。艺术美是对社会生活的反映，自然美在没有人类社会之前，处于自在的状态，直到人们对客观规律有所认识，审美意识日益成熟，自然美才逐渐被发现和认识。一定的自然生态被作为社会的人加工和改造，成了自然的人化，自在的自然便成了人化的自然，因而也就有了社会性。自然的人化，也就是人的智慧、创造力的自然化，如此，便会出现美丽的田园、油菜花海、如织的草坪等。

美的社会性还表现为它具有社会功利性。从物质方面看，美的事物和对象的实用价值是欣赏价值的前提，只有具有实用价值，才有欣赏价值。正像鲁迅所说："美的享乐的特殊性，即在直接性，然而美的愉乐的根底里，倘不伏着功用，那事物就不见得美了。"[7] 从精神方面看，美的功利性表现为可以直接推动某种特定的情感，包括陶冶性情、怡悦心性、启迪思维、洁净灵魂、提升品格、振奋精神等。如锦绣河山就可激发人们对生活的热爱以及对大自然的热爱等。

4. 美的第四个特性是客观性

美的客观性可以从两个方面理解：第一种理解是美的事物和对象客观地存在于审美主体之外，或说存在于人的主观意识之外，但并未离开人类和人类社会。第二种理解是，美的事物和对象既可离开审美主体，离开人的主观意识，又可离开人类和人类社会而存在。

第一种理解，适用于社会美和艺术美。因为社会生活和艺术作品中的美，不依某些人是否承认而存在。但它不能离开人类和人类社会，否则就没有社会美和艺术美了。

第二种理解主要适用于自然美，因为自在的自然（如日月星辰）本来就先于人类和人类社会而存在，即便是人化了的自然，其中之美也不以某些审美主体是否认可为依据。这一切正像刘勰在《文心雕龙》中所指出的那样："云霞雕色，有逾画工之妙；草木贲华，无待锦匠之奇；夫岂外饰，盖自然耳。"[8]

（五）美学的研究对象

美学成为一门独立科学，始于 18 世纪欧洲启蒙运动时期。学界多以德国哲学家鲍姆斯嘉通发表《Aesthetics》（埃斯特惕克）为标志。

"埃斯特惕克"一词来自希腊语，本意指感觉，可以直译为"感性学"，但后来的译本，都把它译为"美学"。

关于美学的研究对象，也是一个见解各异的问题，归纳起来，有以下三种：

第一种意见是，美学就是研究美本身。持这种观点的学者认为，美学研究的不是美的事物，而是研究这些事物的美究竟是什么，以及这些美的事物为什么是美的。这种观点的好处是表明了美学的任务不能用其他学科来代替，不足之处是由于"美"本身具有复杂性和不确定性，因而说"美学"就是研究"美"的，说法似乎笼统，会让人觉得缺乏明确的指向性。

第二种意见是，美学的研究对象是艺术。认为美学就是关于艺术的科学，就是艺术哲学。持这种看法的代表人物有德国古典唯心主义哲学家黑格尔，还有俄罗斯民主主义思想家车尔尼雪夫斯基。车尔尼雪夫斯基认为，美学就是研究艺术观和艺术的一般规律。这种意见抓住了艺术的本质，因为艺术的功能之一或者说艺术的价值之一就是审美，更何况除了审美之外，艺术还涉及很多非美领域，如政治、经济、文化、宗教、科技等。这种意见的最大缺陷是没有包容也难于包容社会美和自然美，而自然美又是美学的一项非常重要的内容。近年来，环境问题日益受到人们的关注，专门研究环境美的美学著述颇丰，而环境美学中的一个十分重要的论题就是自然美。在这种情况下，如果把自然美排除在美学之外，而只说"美学"是研究艺术的学问，似乎不妥，也不通。

第三种意见是，美学的研究对象是审美经验和审美心理。这种意见的实质是从心理学的角度解释审美现象，故有混淆研究对象与研究方法的嫌疑。

对美学的研究对象持有不同意见，是一个正常的现象，其根源是人们对美的理解不同，审美本身也极具复杂性。

如果把问题拓宽至"美学研究的领域"，那该领域大体上有五个方面，即美的哲学、审美心理学、审美社会学、审美教育和实用美学。

美学研究的任务涉及美学自身和美学的辐射作用。从美学自身看，要通过揭示和阐释审美现象以及美的创造、美的欣赏的一般特性和规律，使学科得到完善和发展；从辐射作用看，就是要充分发挥美学的社会功能，提高人的精神境界，促进人生的审美。

在介绍了美学的一般情况后，有必要专门介绍一下中国传统美学的情况：

中国传统美学思想散见于文学、绘画、音乐、戏曲等具体艺术形式和相关理论中。没有严密的逻辑思辨，没有进入抽象的哲学世界，而是与社会生活、艺术活动相结合。

中国传统美学是在儒、道、释三元互补、统一圆融的格局下发展起来的。它以伦理道德为基础，强调理性与感性的辩证统一，以真、善、美的一致为最高境界，把"天人合一"看作美的巅峰状态。

儒家美学是儒家思想的组成部分，代表人物是孔子。儒家美学的核心是"中和"，由此，可把儒家美学视为"中和美学"。这里所说的"中"，是为"中庸"，意为不偏不倚，恰到好处；这里所说的"和"，是为"和谐"。孔子在《中庸》里，就明确强调："中也者，天下之大本也；和也者，天下之达道也"。

老子是道家思想的创始人，其代表作《道德经》是一部具有完整理论体系的哲学著作。对中国美学体系的形成具有极大的影响。老子哲学的最高范畴是"道"，老子美学的最高范畴也是"道"。老子认为美在于"无"。"无"通常表现为恬淡，表现为无规定性和无限性。表现在艺术中应是"天然无雕饰"，"清水出芙蓉"。

庄子是道教创始人之一，继承和发扬了老子的思想，同样把"道"视为宇宙本体的自然法则，但更看重"道"的主观性。致使《庄子》唯美、尚洁，成为中国浪漫主义艺术传统的源头。

以老子和庄子为代表的道家美学可视为"自然美学"。其要点：一是强调"天地有大美而不言"，艺术创作必须"外师造化"，善于从天地造化的大自然中汲取营养；二是艺术创作不可矫揉造作，要保持平和自然的状态。

佛教传入中国后，逐步汉化。隋末唐初，禅宗大兴，遂成主要流派。禅宗美学的要点是追求空灵、寂静的气氛，崇尚含蓄、圆润、简约、疏朗而能引人遐想的造型和布局。

二、实用美学的兴起

美学有两个不同的层次，一是美学的基本理论，二是美学的实用理论。基本理论侧重研究"美是什么"、"美的本质"等带有根本性和普遍性的问题，具有明显的抽象性和思辨性。实用理论则侧重研究不同领域的美学问题，包括该领域的审美属性、审美规律以及美的创造与欣赏等。美学的实用理论不解决技术工艺方面的问题，但能使技术工艺具有更强的审美效应。也就是美学的实用理论能够从审美的高度指导技术工艺，让技术工艺去创造审美价值更高的造物。

以建筑环境为例，作为美学的实用理论的建筑环境美学，主要是研究建筑环境的审美功能和审美特性，而不是研究建筑环境的设计内容、方法与技巧等。

近年来，实用美学发展极快，从内容看，几乎涉及了社会生活和艺术创造的方方面面，如建筑、绘画、书法、音乐、戏曲乃至餐饮、旅游和服饰；从研究方法看，则更加灵活多样，更具针对性。

实用美学的迅速兴起，有两方面的原因：一个原因来自美学自身，即传统美学长期陷于从理论到理论的状态，离社会生活越来越远；另一个原因来自社会生活，即社会生活日益需要美学的指导。随着社会的进步，人们对自己的生存环境、生活方式和生活条件的要求不断高涨，他们的要求已不限于维持生命和延续后代，而是希望生活更加符合美的规律，造物更加符合审美的要求。

总之，无论从美学自身看，还是从社会生活看，传统美学都必须走向生活，走向实践，走向实用。把美学的研究范围向实用领域拓宽和延伸，既给实用美学的发展带来了机会，也给传统美学注入了新的生机与活力。

对于实用美学的生发与成长，中国传统美学实为一片肥沃的土壤。这是因为中国传统美学从一开始就没有脱离现实，就不像西方美学那样从思辨出发，止步于形而上学的结论，而是广泛渗透在人生思考、伦理道德、人际关系等各个领域，并与绘画、诗歌、园林建筑等相结合。

孔子之前，人们就已把五味、五色视为审美对象，并注意到味、声、色等可能引起感官的愉悦。但中国传统美学始终强调"节制"，按秦穆公的说法："若听乐而震，观美目眩，患甚焉。夫耳目，心之枢机也，故必和而视正。"[9]

在先秦美学中，"和"与"和谐"是审美观念中具有关键性的概念。这一时期的美学，不孤立地看待味、声、色带给人们的感官享受，而是把它们与道德精神紧密联系在一起，即充分重视审美的社会作用。

孔子的美学思想以"仁"为核心，具有浓厚的人文主义精神。孔子重视美与善的关系，提出了美与善既有联系又有区别的观点。他推崇"尽善尽美"，强调了审美标准中现实功利的作用，即善的作用。孔子的所谓善，内涵较广，但主要是指伦理道德方面的内容。在强调"尽善尽美"即美善统一的同时，孔子特别重视顺畅、和谐与适度，提倡"中和"、"中庸"，反对"过"或"不及"，这一切都可表明，孔子的美学思想与社会生活现实密不可分。

孔子的美学思想还涉及自然美，但在谈及自然美时，他仍不忘与人的性格相结合，关于"智者乐水，仁者乐山。智者动，仁者静，智者乐，仁者寿"的提法就十分典型地反映了他的观点和思想。

孔子的美学思想同样涉及艺术美，他十分重视艺术美的社会功能。他强调"成于乐"，认为人的全面发展特别是人格塑造，"兴于诗，立于礼，成于乐"。

孟子有"与民同乐"之说，表明他的审美思想进一步走向社会化和大众化。其审美倾向与"民重，社稷次之，君轻"的思想一脉相承。

庄子认为"道"是绝对的美，也就是"大美"。他强调凡是美的东西都是真实的，违背了自然无为的"道"，就无美可言。他所谓的真实，在很大程度上就是指事物自身的规律性。由此可知，在庄子的美学思想中，美也是与现实紧密联系在一起的。

从美学的发展看，当代许多西方美学家也在调整研究的方向，即从纯理论研究转向关于人的审美经验、审美心理和审美应用的研究。

传统美学正在走出书斋，走向生活。实用美学的发展将大大有利于大众：让大众更多地理解美、欣赏美和创造美。

三、建筑环境美学的意义

（一）建筑环境美学产生的背景

建筑环境美学属于"实用美学"。所谓"实用美学"就是有意将美学价值和准则贯彻到日常生活中，贯彻到具有实际意义的实际活动和具体事物中。

"实用美学"的兴起是美学发展的一个必然趋势。正像美国当代美学家托马斯·门罗在《走向科学的美学》中所说的："当代美学方面的著作已极少涉及对美丑以及其他诸如此类的抽象概念下抽象的定义，它们愈来愈多地涉及艺术的具体现象和艺术家。"他认为美学的研究领域有两大部分：一部分是艺术品或其他

21

产品的形式本质及变化的形态；另一部分是同人类活动、人类行为和经验密切相关的部分，如生产和创造、表演和欣赏、管理行为等。建筑环境是艺术，涉及形式等问题，又与人类活动、人类行为密切相关，自然是"实用美学"应该研究的内容。由此也可以说，建筑环境美学的兴起乃是美学向现实生活拓展和延伸的必然结果。

从另一角度说，建筑环境美学的兴起又是环境问题日益受到人们关注的结果。它是人们关注环境问题、环境政策、环境质量的反映，也是美学对这种关注的一种回应。

环境观念植根于人们关于自身所处世界、自身本质的思考，影响人的美学立场。如果说，在很长的历史时期内，人们还没有自觉地、深刻地认识人与环境的关系有多么重要，如今环境的恶化、环境对人的惩罚则让人逐渐变得清醒，从而认识到环境不仅不能恶化，还须符合审美的要求。

美学能够丰富人们对于环境的感受；生活在良好的建筑环境之中，对美学会有更深的领悟。

各种环境都有审美因素，如自然风景、田园风光、工厂厂区、商业街区等。建筑环境作为环境中与人的生活联系最为直接、最为密切的环境，理应按照美的原则创造，因而也就理应以美学理论为指导。

（二）建筑环境美学的任务与内容

建筑环境美学将研究建筑环境的审美体验与价值，重点回答建筑环境美的表现、建筑环境美的审美特性、建筑环境的审美范畴，以及建筑环境的审美鉴赏与审美批评等。

建筑环境美学将重视关于自然美的研究。长期以来，美学研究始终把重点放在艺术上，醉心对于艺术本质和意义的哲学思考，对自然美则多有忽略。建筑环境美学将把自然美放在重要位置，认为建筑环境中的自然不仅具有生态价值，还烙印着人们的生活态度、价值取向和思想情感等印记。

建筑环境美学将重视人在建筑环境中的地位与作用。建筑环境不是游走于人外的系统，而是包括人的有机系统。建筑环境美学不仅关心建筑物、场地、空间、装修与装饰，更加重视参与其中的人在建筑环境中所能遇到的情况。人在建筑环境中始终占据中心的位置，建筑环境美会影响人与人的关系，人与自然的关系；将为建筑环境中的人实现人与人、人与自然的和谐共处提供必要的物质条件和情感氛围；帮助人们从"宜生、宜居"走向"乐生"、"乐居"，培养人们乐观向上的精神。

建筑环境美学将着重研究建筑环境美的特点和审美规律。传统美学以艺术为核心，崇尚的是远视的美、静态的美，认为过多的身体投入会损伤这种远观美和静态美。建筑环境美学正好与之相反，它强调人的身临其境，强调对于所有感官（视觉、听觉、触觉、味觉、嗅觉）的调动，让人们在与建筑环境的互动中享受审美的体验。当然，强调感觉的作用并不等于止步于感觉，因为感觉更多的是接受建筑环境的外部现象，如果止步于感觉，其审美过程必然会过于肤浅。所以感觉还要向心理层面延伸，延伸为情感、联想、想象，以便深入体会作为审美客体的建筑环境的内涵。建筑环境美学还强调在动态中欣赏建筑环境的美，即把第四度空间引入审美，这样的审美效果必将更为鲜活和生动。

建筑环境美学，充分肯定建筑环境的艺术属性，但又特别重视它与其他艺术门类的区别。认为无论是建筑环境创作，还是建筑环境欣赏，都不能忽视这种区别，不能置建筑环境的艺术特点于不顾。

（三）研究建筑环境美学的基本思路

建筑环境美学是一门新兴的门类美学，体系的完善和内容的成熟尚须时日。但从历史和现实看，研究建筑环境美学的基本思路应包括以下几点：

1. 借鉴古典美学中的可用原则

盛行于 19 世纪之前的古典美学，是哲学美学。它以艺术为对象，追求所谓的经典美或永恒美。它强调"和谐"，以"和谐"为美，对艺术的发展产生过不小的影响。按照这种观点，绘画、雕刻等造型艺术都应有良好的比例，符合均衡、节奏等形式美的基本原则。

从现实情况看，追求和谐之美的古典主义美学的基本思想和主张，正在遭受新的技术和新的审美趣味的挑战；作为古典美学重要内容的形式美的基本原则也面临奇特造型的考验。然而，当今的造型艺术并不能因此而完全抛弃形式美的基本原则。追求和谐美的大方向也并不能因此而改变。多数建筑环境的要素和总体组合仍要符合均衡、节奏等要求。这是因为，作为体现特定审美倾向的形式美的基本原则，既有动态性又有相对的稳定性，时至今日，并未完全过时。

2. 吸收现代主义建筑中的正确思想

现代主义建筑盛行于 19 世纪后期至 20 世纪中期，它以大工业生产为背景，又以第二次世界大战后出现的房荒为催化剂，在一个相当长的时期内，几乎影响了整个世界的建筑。现代主义建筑美学是"工业美学"或"理性美学"在建筑领域的体现，基本思想是强调建筑的功能性，明确提出"形式追随功能"的口号；强调建筑经济，认为建筑的营造理所应当的要有经济上的合理性；强调建筑与生产技术的联系，看重新技术、新材料、新设备、新工艺在建筑发展中的作用，认为新技术不仅可以促进建筑类型的多样化和新颖化，在应对自然灾害、能源危机、资源匮乏等方面也有积极的作用。现代主义建筑从"工业美学"、"机器美学"、"理性美学"出发，崇尚简洁、大方、没有多余装饰的建筑造型，但由于忽视人的情感需求，漠视历史、地域、文化，而饱受后现代主义的批评。然而，令人不能否认的是，现代主义建筑的许多思想和主张，现代主义建筑的价值观和艺术语言，到今天依然是建筑环境设计的基础之一。应该看到，当代建筑思潮无一不是现代主义建筑思潮的延伸、修正、抛弃和对立。可以预见，在相当长的一段时间内，现代主义建筑的一些原则和语言，仍然会被人们参照和借鉴。

3. 强调建筑环境的地域特点和民族特色

现代主义建筑及其与之相关的"机器美学"，对当代建筑环境的深刻影响是客观存在的，但"机器美学"以为建筑环境可以像机器那样随意设置，则是错误的。建筑环境艺术必然属于某一时代，又必然属于某一地域，在创作和营造中必须充分考虑地质、地貌、气候条件以及当地的民族习俗和风土人情等。"乡土与地域主义"的思想和主张，有助于突出建筑环境的民族性和地域性，而这民族性和地域性又恰恰是建筑环境美的重要特征。

4.关注"全球化"对建筑环境的影响

不管人们是否愿意，经济文化都将走向全球化。但是经济全球化与文化全球化的结果是不同的。经济全球化的走向是"趋同"，文化全球化的走向是"趋和"，即和而不同。在文化全球化的过程中，不同文化相互交流、碰撞，冲突是不可避免的。这将大大影响建筑环境的风格特征，也将大大影响人们对建筑环境审美的倾向。未来的建筑环境必然会呈现多种风格并存的局面。以此为背景的建筑环境美学，应该引导人们积极发掘和发扬优秀的本土文化，勇于吸收和借鉴先进的外域文化，创造既有地域特色和民族特色，又有时代精神的好作品。

5.重视自然美并强化生态意识

生态危机唤起了人们的生态意识，也引起了人们对于生态学和生态美学的重视。生态是一个关系复杂的整体，研究生态学和生态美学必须着眼于生态系统中各个要素和各个层级之间的关系。建筑环境是人类环境总体中的一部分，是一个范围较小但又十分重要的层次。研究建筑环境美学必须与生态学和生态美学相联系。具有生态意识的建筑环境美学，必然会高度重视自然美，高度重视人与自然的和谐。把生态意识贯穿于建筑环境美学，将给建筑环境美学的研究提供新的视角和思路。

6.重视建筑环境美学在审美教育方面的作用

建筑环境艺术是一种与社会生活和平民百姓最为贴近的艺术。平民百姓不仅是建筑环境艺术的欣赏者，在一定程度上也是建筑环境艺术的创造者。提高建筑环境艺术的质量不仅要依靠专业设计师，也有赖于平民百姓审美水平和审美趣味的提高。由此，建筑环境美学理应自觉担负起审美教育的责任。

7.牢记建筑环境的本原

建筑环境艺术是应用艺术，有明显的实用功能，建筑环境的本原是"能用"和"好用"。如果离开这一本原，把建筑环境艺术与纯艺术混淆在一起，必将把建筑环境美学的研究引向错误的方向。

注释：

[1]李泽厚，《李泽厚哲学美学文集》，湖南人民出版社，1984年版，第467页。

[2]马克思，《1844年经济学哲学手稿》，人民出版社，1979年版。

[3]恩格斯，《自然辩证法》，人民出版社，1955年版，第151页。

[4]（英）卡里特，《走向表现主义的美学》，苏晓离等译，光明日报出版社，1990年版，第13页。

[5]马克思，《马克思恩格斯选集》，第4卷，人民出版社，1965年版，第

346 页。

　　[6] 黑格尔《美学》，第 1 卷，人民出版社，1958 年版，第 161 页。

　　[7] 鲁迅，《艺术论译本序》，《鲁迅全集》，第 4 卷，人民文学出版社，1963 年版，第 207～208 页。

　　[8] 刘勰，《文心雕龙·原道》，人民文学出版社，1981 年版，

　　[9]《国语·国语》，下册，上海古籍出版社，1988 年版，第 125 页。

第三章　建筑环境的价值

　　了解建筑环境的价值是深刻理解建筑环境审美的重要前提，因为人对客体的审美态度与人对客体的价值认知是密切相关的。没有对客体价值的判断，谈审美几乎是不可能的。这是因为价值判断和审美态度都是主体对客体的一种评价，只有主体充分认识到客体的有用性、有效性，才能确定它可以成为审美的对象，并采取欣赏的态度。

　　建筑环境的价值判断和审美都与人的欲望、情感相联系，且不是一成不变的。随着社会的发展，科学的进步，特别是文化的演变，不同的风格与流派的兴起和衰退，不同的流行趋势和消费观念会轮番消长，而这一切都会影响人们的审美观念和趣味，影响人们关于建筑环境价值的判断。如建筑环境的生态价值在过去的一段时间里很少受到人们的关注，到现在则成了建筑环境极为重要的价值，生态美也成了建筑环境美的一种重要形态。

一、实用价值

　　实用价值是建筑环境的基本价值，也是它最早具有的价值。建筑环境的实用价值体现在两个方面：一是"能用"，即能够满足人们在生活方面提出的基本需求。这些需求多数是生理方面的，如防寒、遮阳、挡风、避雨等。二是"好用"，包括准确、方便、舒适、安全等。"好用"讲究人—机关系，要求建筑环境更加充分地考虑人体工程和心理过程、心理特点等。建筑环境的实用价值体现于人的生活实践中，也见诸于传统和当代的美学论述中。

　　1. 从人的生活实践看建筑环境的实用价值

　　人类最早的栖身之所是"巢"与"穴"。建构"巢"与"穴"的目的是防风雨和避禽兽。可见，从一开始建筑环境就明显地表现出它的实用性。

　　从属于新石器时代仰韶文化的西安半坡遗址可以看出，当时的聚落住房平面有正方形的、矩形的和圆形的。住房结构大体相同：均以木料作构架，在构架上覆盖树枝和蒿草，再在其上抹草泥。住房的功能很简单，但即便如此，依然远远地超越了"巢"与"穴"的功能。因为它们不仅能够"防风雨"和"避禽兽"，还有了初级的空间划分和群体布局，从而能够较好地满足家庭成员生活和氏族成员相聚的需要。这些住房的内部已划分出门道、火坑和供人睡觉的位置。从群体看，在大约 5 万 m² 的用地范围内，明确地划分出居住、制陶和葬墓三个区域。居住区的周围，有宽、深各为 5～6m 的大壕堑，中间还有一个大广场和大房子，估计是氏族首领、老幼病残成员的住处和首领与氏族成员议事的地方。

当今的建筑环境类型多样，功能完善，远非早期的"巢""穴"可比。然而，依然要以"能用"和"好用"作为基本的目的。

2. 从先哲和学者的论述看建筑环境的实用价值

关于建筑环境的实用价值，古代、近代的先哲和学者早有清醒的认识和明晰的论述，现摘录几段如下：

我国3000多年前的文献《易·系辞》记载："上古穴居而野处，后世圣人易之以宫室，上栋下宇，以待风雨"，明确表示"待风雨"是筑穴和营造宫室的基本目的。最早的"穴"是天然的，是原始初民在大自然中寻找到的"住处"。后来的"穴"是人工挖的，或是在天然洞穴的基础上改造出来的。"上栋下宇"者是人工营造的房屋，其中的"栋"意为"构"，"宇"意为"场"，"上栋下宇"就是立柱为墙，上架屋顶，构成一个可以遮风避雨的住所。

《韩非子·五蠹》记载："上古之世，人民少而禽兽众，人民不胜禽兽虫蛇，有圣人作，构木为巢以辟（避）群害"，也已表明，无论是构木为巢，还是营造宫室，都是以"辟（避）群害"和"待风雨"等为最初的目的。

我国古代思想家墨子在《墨子·辞过》中，也说过类似的话，他说："古之民，未知为宫室时，就陵阜而居，穴而处，下润湿伤民，故圣王作为宫室。为宫室之法，曰：室高足以辟润湿，边足以圉风寒，上足以待霜雪雨露，宫墙之高，足以别男女之礼，谨此则止……是故圣王作宫室，便于生，不以为乐观也"。墨子在这段论述中，全面提出了确定台基、屋顶和院墙高度的原则，明确表示，只要满足生活要求即可，不必超越这些要求，考虑"乐观"等要求。

《国语·楚语》中记载了伍举与楚灵王论美时说过的一段话，伍举说："榭不过讲军实，台不过望氛祥，故榭度于大卒之居，台度于临观之高"。意思是榭之大不必超过军卒居守的需要，台之高不必超过人们临眺的需要。超过了即为过"度"。而这"度"，就恰恰是实用方面的要求。

建筑环境的实用价值本是一个不言自明的道理，但当代的某些建筑环境的实用价值或受某些狭隘利益的驱使，或由于有其他莫明其妙的原因，却真的受到了不同程度的忽视和挤压。有些建筑环境"中看不中用"，有些建筑环境甚至既"不中用"也"不中看"，都是忽视或挤压实用价值的表现。

强调建筑环境的实用价值，并非要把建筑环境美学引入狭隘的"有用"的死胡同。只是想从更加深广的意义上，说明建筑环境的本原，倡导人与建筑环境的交流，坚定以人为本的原则，并为进一步提升建筑环境的审美价值打下良好的基础。

二、艺 术 价 值

建筑环境具有艺术属性，因此，它必然具有艺术的一般性。建筑环境又是一个特殊的艺术门类，因此，它又必然具有与其他艺术门类不同的特殊性。

艺术的价值体现在三个方面：一是具有认识功能，二是具有审美功能，三是具有教育功能。建筑环境同样具有以上三种功能，下面，将分别对它们进行剖析，并在剖析中着重指出建筑环境艺术与其他艺术门类的异同。

1. 认识功能

艺术的认识功能主要表现为人们能够通过艺术作品的形式和内容，认识不同时代、不同民族、不同文化、不同社会制度的人的生活、历史、观念、行为、器物，甚至包括人类在内的整个自然与社会。通过欣赏优秀的艺术作品，人们可以了解大自然的美，可以了解社会现象中的美丑善恶，并从此获得在其他实践中难以获得的经验与体会。

艺术的认识功能属于精神功能。其基本过程是审美主体通过视觉、听觉、嗅觉、味觉、触觉等对艺术作品进行感知，形成知觉，进而产生印象、表象及理性概念或理念。进一步说，认识功能共有两个层面的意义：一是识别功能。即通过艺术作品识别人、物或其他事物和现象。二是象征功能。即通过艺术作品的形状、色彩、装饰等领略作品的象征意义。如在欣赏中国传统彩画时，首先识别它是和玺彩画、旋子彩画还是苏式彩画，再进一步判断与之相关的建筑的类型和等级。为了清楚地了解艺术的认识功能，先举两个绘画作例子：

《清明上河图》是北宋画家张择端的力作。该画以巨大的幅面、宏伟的气势描绘了北宋京都汴梁的繁华景象，展现出丰富多彩的社会生活。宋代初年，农业生产得到恢复和发展，工商业也有长足的进步，致使汴梁成了国内贸易的中心。《清明上河图》以城郊景色、汴河风光、城中街景三大部分为重点，全方位地展示了汴梁的盛况。画中有桥梁、建筑。街边有商店、当铺、茶馆、酒肆。河中有众多船夫奋力划桨、撑篙，他们与激流相搏，力撑大船过桥。桥上有众多推车的、牵马的、挑担的、抬轿的农民、商人、官吏、道士、郎中和算命先生。还有众多好事之人，身依栏杆，看着河中的大船。该画共有 500 多个人物，整个场景向人们传达了大量的信息。不仅能使当时的人们也能使生活于今天的我们有可能了解北宋汴梁的市井生活，风土人情，甚至桥梁和建筑的样式，交通工具的种类以及人们的服饰和发式等，进而大体看出那时的社会生活及生产力的水平（图 3-1）。

图 3-1 清明上河图（局部）

董希文的油画《开国大典》形象地记录了 1949 年 10 月 1 日中华人民共和国成立，毛主席向全世界人民宣布"中华人民共和国中央人民政府成立了"的历史时刻，再现了广大人民群众欢欣鼓舞游行庆祝的宏大场面。通过画面人们可以看到党和国家的领导人，看到参加庆祝活动的人群，看到雄伟的天安门城楼和远处的华表，进而还能领略到广大人民群众当家做主的豪情（彩图1）。

以上两例表明，艺术作品确实具有认识功能，但与绘画等纯艺术相比，建筑环境的认识功能无疑更加广泛和深刻。

第一，建筑环境的认识功能更具丰富性

建筑环境有众多要素，既有绘画、雕刻、书法、摄影等艺术品，又有家具、陈设、电器等人造物以及山石、水体、花草树木等自然物。要素多，传达的信息就多，这就有可能使置身其中的人从不同角度获得更多的信息。从宏观方面看，有可能了解到政治、经济、文化、科技、宗教方面的情况；从微观方面看，可以认识风雨雷电棋琴书画乃至花鸟鱼虫等极其具体的现象和事物。

第二，建筑环境的认识功能更具深刻性

由于建筑环境构成要素众多，建筑环境不仅能够让人认识诸多物质形态，还能让人透过这些物质形态领略到其中的思想与观念，即进入认识功能的第二个层面。中国传统建筑的厅堂内，都有成套的家具。从物质形态着眼，人们可以辨认它们的类别、款式、材料、色彩、结构和配置。但透过物质形态，人们还能了解其中蕴含的思想观念，特别是中国传统文化中关于君臣、父子、夫妻、长幼、主客等各有其位的伦理意识。

第三，建筑环境的认识功能更具生动性

绘画、雕塑的认识功能主要是通过人的视觉器官实现的。建筑环境则能同时调动人的多种器官，包括视觉、听觉、嗅觉、触觉等器官同时感知审美对象，从而能够取得更加生动的效果，也会使认识更加广泛而深刻。画面上的水景当然可以被人所认识，但仅仅是人们"看"出来的。建筑环境中的水景则不然，它不仅能让人观看，还能让人倾听和触摸，从而能让人在动态中，在欢快中，从水形、水质、水温、流速等更多方面强化对于水景的认识。

总之，绘画、雕塑等艺术品是静态的，建筑环境的许多要素是动态的，动态的对象往往更生动。

2. 审美功能

艺术的审美功能以主体的想象能力为基础，指的是艺术能够培养人对美的事物、美的形式具有敏感性、辨别力和感受力。

审美活动源于人的审美需求。人是生命体，关于生命的需求是人的基本需求，在这一点上，人与动物是没有什么差别的。然而，人又是一种特殊的生命体，人有情感，有思想，除了具有基本需求即生理需求外，还具有更高的需求，即自我确认和自我意识的需求。

人的审美需求有一个逐步形成和觉醒的过程。人类的祖先制作粗糙的木棒，打制有棱角的石块，仅仅是为了实用。但此后，也许也就在此时，人们也有了诸如平直、光滑、尖锐等初步的审美意识，以致使他们在以后的日子里能够制造出更加实用也更加好看的工具。在这个过程中，人们可能体会到艰辛，但也能够收获到快乐，并从此萌发出更为清晰的审美意识和更高的审美需求。

建筑环境美有几个不同的层次：一是较为浅表的层次，一般被称为形式美；另一个是较深的层次，一般被称为意境美和意蕴美。建筑环境能够全面满足不同层次的审美需求，而这也就是它具有审美功能的理由。

应该着重指出，说建筑环境具有审美功能，不等于说不同的建筑环境可以带给人们相同的审美体验。相反的是，不同的建筑环境带给人们的审美体验往往是不同的，有的很强，有的很弱，有的可能止步于浅表的层次，有的可能达到较深的层次。

众所周知，建筑环境既有物质属性，又有精神属性。但在不同的建筑环境中，这两种属性所占的比重是很不相同的。有些建筑环境如住宅区、宿舍区、工厂区等，物质属性所占比重大，而精神属性所占比重小；有些建筑环境如博物馆、纪念馆、美术馆等，物质属性与精神属性的比重大体相当；有些建筑环境如教堂、寺庙等，物质属性固然也很明显，但精神属性无疑占有更大的比重。上述划分是粗略的，但即便如此，也足以表明，建筑环境的功能、性质是互不相同的。由此，其审美功能也自然有大，有小，给人的审美体验也不会相同。一般地说，精神属性较少的，其审美功能大体上会止步于形式美这个浅表的层次；精神属性较多或很多的，审美功能则可能达到较高或很高的层次，即在具有形式美的同时，还具有意境美甚至意蕴美。

试举几例：

例一是大型超市。大型超市是一个由卖场、后台、广场等构成的建筑环境。卖场的主要功能是陈列与出售商品，后台的主要功能是接收、检验、计量和临时贮存商品，广场的主要功能是集散人流和停放车辆等。不可否认，超市也有精神方面的功能，但其主要功能是物质方面的。因此，其规划设计必然会侧重于实用，审美方面也必然会侧重于外观整齐、美观、醒目、新颖、别致，以达到吸引顾客，提高营业额的目的。一言以蔽之，这类建筑环境物质方面要求高，审美功能主要表现在形式上。

例二是湖南齐白石纪念美术馆。齐白石是中国土生土长的艺术大师。为纪念这位大师而建的美术馆，珍藏着不少大师的作品。为此，设计师不仅全面考虑了采光、照明、保管、消防等物质方面的要求，还在满足实用功能的同时，考虑了精神方面的要求，包括设置波光粼粼的"洗砚池"，在庭院栽植桃、李、枇杷和石榴，辟小溪放养鱼虾等，以勾起人们关于大师进行艺术创作的联想，甚至引发人们关于艺术真谛的思考。齐白石纪念美术馆的审美功能已达一个较高的层次，不仅具有形式美，还具有较多的意境美。

物质属性与精神属性的强弱不能用数字来衡量，以物质属性和精神属性的强弱为标准划分建筑环境的类别也过于简单，采用上述划分的目的仅在表明：属性不同的建筑环境，其审美功能的大小也是不同的。

3. 教育功能

艺术作品的教育功能主要指其内容和主题能够对人们形成感染力和影响力，能够让人们在对待自然、社会、人生、他人以及自我判断中，具有积极的态度和热情。它以人的意志能力为基础，其意义集中表现在精神境界上，即集中表现为引导人们去追求崇高的理想和实现美好的愿望。

建筑环境的教育功能常常通过以下两种途径来实现：一是直截了当的，二是潜移默化的。

（1）直截了当的

即利用标语、对联、牌匾、绘画、雕塑等直抒胸臆，直接揭示事物和现象的美与丑，直接激发人们的情感反应。在中国传统建筑中，人们常以题材积极的诗词歌赋为内容，以刻屏、楹联等形式体现建筑环境的教育功能。如岳飞的词《满江红》：

> 怒发冲冠，凭栏处，潇潇雨歇。抬望眼，仰天长啸，壮怀激烈。
> 三十功名尘与土，八千里路云和月。莫等闲，白了少年头，
> 空悲切。靖康耻，犹未雪，臣子恨，何时灭！驾长车，踏破贺兰
> 山缺。壮志饥餐胡虏肉，笑谈渴饮匈奴血。待从头，收拾旧山河，
> 朝天阙。

此词震撼天地，气贯长虹，充满爱国主义精神。如刻录于屏风或崖壁之上，极易激发人们的爱国热情。

在近现代的建筑环境中，人们依然愿意用不同形式的书法装点环境，如陈毅的诗《冬夜杂咏》：

> 大雪压青松，青松挺且直。
> 要知松高洁，待到雪化时。

这首诗歌颂了无私、无畏的高尚品质。如以书法的形式悬挂于厅堂，也无疑会发挥教育功能，把人们带至情操优美的精神世界和审美境界。

（2）潜移默化的

即通过相关要素，包括景物和场所等，采取润物细无声的方式影响人的道德品质，给人以暗示和启迪。如建筑环境中的花草树木等，很难直接给人以教益，但正像人们所知道的那样，良好的绿地和栽植有助于培育人们的品德，陶冶人们的性情，培养人们热爱自然、保护生态的意识。

人们常说，人塑造环境，环境反过来又塑造人，这种塑造，其实就是教育。一个窗明几净、整齐美观的阅览室，能让读者自觉地规范自己的行为，成为安静文明的读者。一个素雅朴实，以琴棋书画为陈设，以梅兰竹菊为环绕的书斋，有助于人们摆脱浮躁的情绪，摆脱琐事的烦扰，平心静气地思考问题和做学问。这一切，都是建筑环境具有教育功能的表现，只是这种功能不像喊口号，而是在无声之中完成的。

艺术性所蕴含的三种功能是相互联系不可分割的，艺术家和环境设计师要在创作实践中具体地、正确地把握其关系。艺术作品的认识功能是艺术价值的基础，其意义在于对作品内容的把握。艺术作品的审美功能是属于艺术作品自身的价值属性，其意义在于通过作品展示的艺术形象和精神境界为人们提供自由想象的空间。审美功能具有普遍性，即任何艺术作品包括任何一个建筑环境，都应给人以美感，至少应该具有形式美。因此，审美功能也被看作是艺术作品的"第一性"功能。审美功能与其他功能的关系是辩证统一的关系。一方面，只有艺术作

品具备了审美功能，才能谈及其他两项功能；另一方面，其他两项功能的存在，又会强化审美功能，使人们的审美体验变得更加丰富和深刻。

关于建筑环境如何体现教育功能的问题，应从理论上加以讨论，并在创作实践中根据建筑环境的具体情况来把握，总的说来，应该注意以下几点：

第一，不能"为艺术而艺术"，"为审美而审美"，即不能对建筑环境的教育功能采取否定的态度。

第二，不能把艺术的教育功能简单化、生硬化。教育功能应该自然而然地，甚至是不露痕迹地渗透在作品之中，而不是在审美之外生硬地塞给作品。

第三，对建筑环境而言，还要充分考虑它的内容和性质，让教育功能与建筑环境的内容和性质相吻合，而不是不搭界。

关于艺术的审美功能与教育功能的关系，恩格斯早就作过明确的论述，他在1885年11月26日《致敏·考茨基》的信中说："我认为，倾向应当从场面和情节中自然而地流露出来，而无须特别把它指点出来；同时我认为，作家不必把他所描写的社会冲突的历史和未来的解决办法硬塞给读者。"[1] 通过上述论述不难看出，恩格斯并不一般地反对艺术作品具有政治倾向性，只是认为这些政治的、道德方面的倾向，应该隐含在富有审美功能的形式里，让人们在获得愉悦的同时，去感受它们的存在。

三、历　史　价　值

人们了解历史有多种渠道：一是借助口头叙述，包括听故事、欣赏戏剧和曲艺；二是借助图文资料，包括欣赏岩画、壁画等非出版物及阅读各类出版的报刊、书籍、画册和文献；三是借助建筑和器物，包括现存的和发掘出来的遗址和残留物。

在上述种种资讯中，建筑和器物传达的信息量大而且广，不仅涉及政治、经济、文化、科学、技术、宗教、信仰、习俗等方面，还能反映人类生活的细节，让人们看到诸如车马、工具甚至服装和发式。

人们的许多历史知识，特别是关于有文字记载之前的历史知识，在很大程度上就是通过建筑和器物获得的。意大利南部维苏威火山的东南麓，原有一个庞培城，公元79年因维苏威火山喷发而被掩埋。当时，该城约有25000人，是手工业、商业相当发达的海港，又是罗马贵族和富人的避暑胜地。庞培城的建筑风格以古希腊式为主，公元前80年，也就是该城被掩埋的前159年，罗马人征服了庞培，其建筑风格则随之罗马化。公元63年，也就是庞培城被掩埋前的16年，庞培因地震受损而重建。重建之后，建筑的古罗马特征更明显，这也就决定了古庞培城的建筑、壁画等，都兼有希腊和罗马的特色。1748年，开始发掘被掩埋的庞培城，从发掘中，人们获得了大量的建筑、壁画、日用品等历史资料，为人们了解和研究庞培提供了丰富的、可靠的依据。从发掘情况看，原来的庞培城有众多宗教建筑和公共建筑，如市政机构、行会大厦、庙宇、露天剧场、室内剧场、体育场、市场和浴室等。城市的中心广场为矩形。角斗场可容15000人。住宅的典型形制是：前为罗马式明堂，后为希腊式围柱院落。住宅以单层为主，只有少数局部为二层。住宅内多有大理石柱廊、镶嵌地面、精致的家具、壁画及雕刻。沿街住宅多为二层，底层有商店、作坊和酒肆。

庞培城的发掘大大推动了 18 世纪末、19 世纪初欧洲建筑的古典复兴。庞培城建筑的室内装修也成了当时室内装修争相模仿的对象，被看作是一种时尚和潮流。

再以梵蒂冈的圣彼得大教堂为例，该教堂始建于 2000 多年前，经历过多次翻修与改建，但原址始终未变。教堂大殿的入口处矗立着名为"悲恸"的雕塑，是米开朗琪罗传世作品中唯一署名的作品。教堂穹顶上的壁画，也是米开朗琪罗的亲笔。造型复杂而又庄严的祭坛，由世界著名建筑师伯尔尼尼设计，由四根黑色的扭形巨柱撑着顶部的华盖。在周围白色花岗石的映衬下，显得格外庄重和突出。穹顶的四角各有一座雕塑，人物的动作和表情逼真传神，连衣褶的质感也能给人以真切的感受，堪称世界级的艺术珍品。

庞培城和梵蒂冈圣彼得大教堂的情况表明：城市、建筑及相关的内外环境，不仅能以其功能和形象供与它们同时代的人们使用和欣赏，不仅具有实用价值和艺术价值，还能承载历史、讲述历史，甚至影响后来的城市、建筑和相关环境的营造。

必须看到，城市、建筑及相关环境是有生命的，它所承载的不仅仅是宫殿、庙宇、住宅及商厦等，它还是一部年鉴，一部历史教科书，其重要的历史价值，是其他自然物和人造物很难企及的。正像鲍列夫所说："人们惯于把建筑称作世界的编年史：当歌曲和传说都已沉寂，已无任何东西能使人们回想起一去不返的古代民族时，只有建筑还在说话。在'石书'的篇页上记载着人类历史的时代。"[2]

当代人营造建筑环境的目的自然不是刻意留给后人考察和欣赏，而是满足当代人生活环境的需要。但不管是否刻意而为，当代人营造的建筑环境终会成为后人欣赏和考察的对象。这是因为，历史是连续的，昨天是今天的历史，今天则是明天的历史。基于对建筑环境历史价值的这种认识，营造当代的建筑环境应该注意以下问题：

第一，尊重历史遗存，保护和运用有价值的古建及相关遗迹，如原有的庙宇、祠堂、牌坊、古塔、钟楼及风车、水车、水井、石碾、石磨等，并将它们有效地组织在环境整体中。

图 3-2 是意大利的一所幼儿园。从自身看，这是一个现代感极强的建筑，但却与 16 世纪建造的教堂、钟塔和别墅组成了一个整体。在远山和蓝天的映衬下，在大片麦田和葡萄园的烘托下，构成了极富诗意的画面。

在内部环境设计中，可视环境的功能和性质，适当点缀一些古家具、老风扇、老电话、老留声机、老照片乃至工业设备、农村的纺车和织机等旧物。

有些旧物可以改造再利用。某住区是在一个拆迁的厂址上建成的，设计师把一个仓库的金属框架保留下来，改造为花架；又把烟囱的根部保留下来，改造为花坛，都收到良好的效果。

图 3-2　意大利的一所幼儿园

中国在实现城镇化的进程中，提出了"望山见水记得住乡愁"的口号，这"记得住乡愁"，就是希望新的建筑环境能与原有的建筑环境保持某些历史联系，以此来延续人们关于自身生活与社会发展的记忆。

第二，合理改造和利用原有建筑，赋予它们以新的生命，如把旧工厂改造为创意园区或会展区，把旧别墅改造为餐厅或会所等。阿根廷首都布宜诺斯艾利斯有一间名为"雅典人"的书店，在全球十大最美书店中位居第二，就是由一座古老的名为"大光明"的剧院改造而成的。该剧院风格古典，装修华丽，面积约2000m²。改造后，大厅放满了书架，包厢成了阅读角，人们边喝咖啡边读书，还能顺便欣赏美丽的建筑，简直就是在经历一次时空的穿越。

第三，保持良好的生态环境，包括原有的树木、水面和地形地貌。不必推倒重来，而要尽可能地将它们作为素材甚至是财富。

四、社 会 价 值

社会价值包括政治价值、经济价值和伦理价值，是建筑环境在社会发展中所具有的特殊意义。

具体地说，建筑环境与社会的关系主要表现在两个方面：一是社会因素如政治、经济、技术等影响建筑环境的形成与发展；二是建筑环境能够影响人的思想情感，并进而影响人与社会的关系。在上述两种关系中，人始终处于中介地位。前者，社会因素首先影响人的思想、观念及相关的规范与制度，人再把这些思想、观念、规范与制度体现于建筑环境的营造中。这一过程可以概括为"社会—人—建筑环境"。后者，是建筑环境首先影响人的思想情感，再进一步影响人与社会的关系。这一过程可以概括为"建筑环境—人—社会"。本节所说的社会价值主要指后者。

建筑环境的社会价值大体等同于艺术的教育价值，如果说两者有区别的话，区别主要在于艺术的教育价值侧重于陶冶人的情操，升华人的道德水准，即侧重于个人的修养；建筑环境的社会价值则侧重于调整和改善人自身、人与人以及人与社会的关系。人类自身、人与人以及人与社会的关系是动态的，在社会发展进程中不断改变，甚至异化。

1. 从历史进程，看人类自身、人与人以及人与社会关系的异化

不同的历史阶段，人类自身、人与人以及人与社会始终存在这样那样的矛盾，然而，采集、渔猎、农耕和工业文明阶段以及后工业文明阶段，这些矛盾的表现是大不相同的。

采集、渔猎和农耕阶段，人类内部也有诸多争斗，但在面对大自然、遵守自然规律和"自然中心主义"的基础上，人类终究还是形成了许多相似甚至相同的道德观和价值观。在中国，这种道德观和价值观集中表现为"和"，表现为"以和为贵"及"以和为美"，进而在天人关系中主张"天人合一"，在情景关系中提倡"情景合一"，在知行关系中赞赏"知行合一"。在这种道德观和价值观的统领下，儒家强调仁人爱物，常怀恻隐之心，"己所不欲勿施于人"，"将心比心，推己及人"；道家强调万物有灵；释家强调众生平等……说法不一，但大体上都是围绕"和"字作文章。

工业文明阶段，情况发生了很大的变化。西方以"天人相分"的哲学思想为出发点，以工具理性和"人类中心主义"为基础，推进所谓的现代化，使人自身以及人与自然、人与人和人与社会的关系全面异化与失衡。在这个历史阶段中，主流生产方式是以物质生产为主，以工业化、规模化生产为主，突出了对于生产资料的依赖。主流生活方式是以物质生活为主，极力追求物质方面的满足，过分关心物质生命的长短。主流思维方式是重形式，重外在，热衷攀比竞争，把财富的多少、地位的高低作为成功与否的标志。主流价值取向是拼命追求金钱、名誉和地位。如此，就把整个社会推向了对立、纷争、失和、异化与失衡的状态。

异化与失衡首先表现为人自身的异化。这一时期的人，已经失去了内涵的完整性和丰富性，他们整天为衣食住行而奔波，为名利地位而忙碌，脑子里满装着房子、车子和票子，对在德智体美等方面实现全面发展，早已无暇顾及。

对在工业生产第一线的生产工人来说，他们的情况会更糟糕。他们每天要做相同的工作，其单调和不断重复的节奏，不仅不能给他们以快乐，还让他们逐渐陷入烦躁与恐惧之中。他们就像卓别林电影中的角色，只能在机器旁跑来跑去，成为机器的附属品，而不再是他自己。在这种情况下，其人性便开始分裂：自身方面，主要表现为心理空虚，逐渐丧失积极性、主动性和责任感；在与他人相处和与外界事物的关系方面，主要表现为冷漠、淡然、麻木，缺乏应有的热情和敏感性。

与人自身异化相对应的是人与人的关系日益疏离。人与人心理距离加大，缺少沟通，缺乏信任，产生隔膜，矛盾和冲突增多，甚至日益激烈。扶弱济贫、守望相助的意识和行动逐渐淡化和弱化。

人的异化是人类凭借科学技术让自身的征服欲、控制欲和享受欲无限膨胀的结果。失衡是异化的集中表现，最严重的失衡是感性与理性的失衡，物质需求与精神需求的失衡。

时至今日，工业文明已近尾声，后工业文明已经临近，但工业文明带来的异化与失衡并未消退，在某些方面还有愈演愈烈的势头。受市场崇拜和消费文化的影响，受金钱至上、享乐第一等意识的影响，人们对物质生活的渴望和追求日益强烈，以至不少人已经陷入利欲熏心、唯利是图、见利忘义的地步。反过来说，对精神生活的渴望和追求则相对乏力，以致使整个社会生活面临极大的困难。彻底解决人的异化问题，特别是感性与理性失衡和物质生活与精神生活失衡的问题，必须高扬生命的旗帜，着眼于人类自身的完善和人与人、人与社会的和谐。其重点应该是：创建适度推进物质生产、高度重视精神生产的生产方式；创建适当把握物质消费、高度重视精神生活的生活方式；创建重品质、重内涵、关注他人、关注社会的思维方式；创建强调精神价值、生态价值和社会价值的价值观念。总之，就是要努力建设一个和谐的社会。

2. 从弱化和消弭人的异化和失衡的角度，看建筑环境的社会价值

弱化和消弭人的异化和失衡，有待人类的共同努力，有赖于多个层面的配合，而且会是一个长期的任务。营造良好的建筑环境，只是众多层面中的一个层面，其作用不可高估，但也不可小觑。

历史的经验告诉我们，良好的建筑环境对人的思想和行为能够产生积极的影响，不良的建筑环境则会对人的思想和行为产生负面作用。前一种情况可以衍生出"社会美"，后一种情况可以引发"社会丑"。从社会美的角度看，凡是能够推动社会发展进步的革命斗争、科学实验和其他思想行为，都是正面的和积极的。建筑环境是人类整体环境的一部分，虽然不能对人类的生存和发展、对社会的进步起到决定性的作用，但也不可否认，良好的建筑环境必能转化为社会美，从而激发人们积极向上的意识和态度，促进人与人以及人与社会的和谐。

社会美有内在美和外在美之分。内在美主要表现为对自身、对他人、对社会、对自然的认识、态度和行为，涉及人的理想、信念、知识、情感与道德。外在美是内在美的外在表现，涉及语言、仪表和行为。在一般情况下，外在美与内在美应该是一致的，即表里一致。但有些时候外在美也可能掩盖内在丑，即表里不一。良好的建筑环境可以同时促进内在美和外在美的形成和发展，这一点正是它具有社会价值的表现。

如何提高建筑环境的社会价值？笔者以为以下几点是必须注意的：

第一，实现建筑环境的多样性，为提高人们的物质生活和精神生活的质量创造条件。让人们有更多机会、更多场所参加文体活动，欣赏音乐，参观画展，阅读书刊，使生活更充实、更丰富。在这一过程中，还要顾及不同的人群，如老者、儿童和残疾人。

第二，增强建筑环境的吸引力，提高人们的参与程度，为人们的交往提供更多的机会。住宅区和养老院等尤其要有较多的公共空间，无论是室内还是室外，都要有一定数量和较大面积的交往区域和设施，让人们在休息闲聊中，在晨练、跳舞、对弈和游戏中，交流沟通，密切亲情与友情，实现邻里和谐与

共融。

第三，充实建筑环境的内涵，提高建筑环境的品质，培养和提高人们的道德和审美水准。现代企业十分重视企业文化，在内外环境中常常引入视觉形象系统，使用统一的标志、标准字和标准色，目的之一是以此突出企业的正规化和专业性，目的之二是借此强化职工的自豪意识、自觉意识和认同感。当代幼儿园、中小学和高等学校，尤其重视建筑环境在育人方面的作用，甚至把环境育人与教书育人相提并论。实践表明，内容健康、优美整洁的环境要素和环境整体，对引导学生形成正确的思维模式、处事方法、心理定势和价值观念，养成相互包容、彼此尊重、团结合作的群体意识都有积极的作用。

第四，本着"以人为本"的思想，在培养融入集体、融入社会的意识和解放个性之间寻找平衡点。当代社会是一个快节奏、高效率的社会，人们面临来自学习、就业、工作、生活等多方面的压力。这种背景下的建筑环境，既要体现快捷、高效的精神，又要有亲切温馨的气氛。比尔·盖茨坚持给每个职员（不分职务高低）提供 $11m^2$ 的独立办公空间，并鼓励他们自己布置和美化，就是要在提高效率和解放个性方面寻找一个平衡点。既培养团队精神，又鼓励个性解放，最终达到推动事业发展的目的。

总之，充分体现建筑环境的社会价值，必须把着眼点和落脚点，放在促进人的健康成长和调整人与人、人与社会的关系上。

五、伦 理 价 值

伦理价值本是社会价值的一部分，由于内涵日益富丰，已经延伸至生态，出现了生态伦理的概念，特专门列为一个问题。

中国传统哲学与美学特别强调"美"与"善"的统一。"善"，在一般情况下，被定义为"合目的性"。但在中国传统哲学与美学中，则被强调为合乎伦理的要求。儒家的"善"，主要内容是"仁"与"义"。"仁"与"义"的实现要靠礼仪。于是，在社会生活的各个方面便有了正名分、辨等级、明尊卑的诸多规则和制度。这些规则和制度自然也渗透至建筑环境。因此，中国的传统建筑环境不仅要满足实用要求，还要在总体布局、空间划分、造型艺术、装饰方法、色彩运用以及内外环境的处理上，满足伦理方面的要求。

"伦"本意是第次和秩序，"伦理"则是人与人相处的道德准则。中国古代称君臣、父子、夫妇、兄弟、朋友五种关系为五伦，并认为这五种关系中的尊卑、长幼第次是不能改变的。传统的伦理是为封建统治服务的，从今天看，其观点和内容中的大部分应被批判和清理；但如果广义地把伦理理解为"秩序"，那么，伦理不仅不能废除，还应体现于社会生活的各个方面。

人是社会的人，社会是由人构成的。没有秩序就不可能有良好的社会，没有秩序也不可能有正常生活的人。因为，无论是人与人的关系，还是人与自然的关系，都要靠良好的秩序来维系。良好的建筑环境，在建立良好的秩序中，能够发挥积极的作用，这就是建筑环境的伦理价值。

1. 良好的建筑环境有利于社会生活的秩序化

宇宙的形成与演变是一个由混沌到有序的过程。人类作为宇宙这个大系统中层次最高的子系统，更是以"有序"为特征。

建筑环境的营造应把有序作为重要的目标，并应以自身的有序化促进社会生活的有序化。从大的方面说，城市、街区的总体布置应该井井有条，空间组织应该分工明确，交通系统应该安全顺畅。当前，许多城市交通拥堵，行车、停车困难，可从反面表明：环境的有序化有多么重要。从较小的范围看，住宅、学校、工厂等建筑的内外环境同样要促进社会生活的有序化，如建立完善的、分工明确的道路系统，形成丰富的活动场地，设立清晰的标志符号，设计正确的指引系统等。营造能够促进社会生活秩序化的建筑环境，核心是处理好各种"关系"，包括动与静、内与外、洁与污、开放与私密等不同空间的关系和男女老幼等不同人群的关系。

2. 良好的建筑环境有利于人与自然的关系秩序化

长期以来，人们总是把伦理看作人与人相处的规则，却不知人与自然相处，同样要有伦理意识和相应的规则。在人类的发展进程中，特别是进入工业生产时期之后，人们无视人与自然的平等，漠视人与自然的共处，不是相容、相通、相和，而是相对、相抗，把大自然当成可以任意踩踏的对象：一方面表现为无节制地索取资源，一方面表现为肆无忌惮地破坏生态，以致不仅给大自然带来可怕的灾难，也给人类自身带来种种危害与困难。

其实，人与自然之间和人与人之间一样，存在着不可更改的伦理关系。大自然养育了人类，大自然与人类的关系，和人间的母子关系一样，具有同样的意义。人类应该尊重大自然，维护大自然，感恩大自然，与大自然互爱互助，相依为命，就像子女对待母亲一般。实践已经证明，并将继续证明，只有在人与自然之间建立起正确的伦理关系，人与自然才能共生与共进。近年来，一个新学科——生态伦理学正在兴起，这对唤起人们的生态意识、环境意识，把伦理观念引入人与自然之间，无疑具有积极的作用。

关于生态伦理的意义，美国生态学家莱奥波尔德等作过精辟的概括：一是大地上的山川、花鸟鱼虫等是一个有机的整体，人只是这个整体的一部分；二是这个整体中的每一种生命体，都有自己的生态位置，都有存在的价值；三是除了为满足人们生存的基本需求外，人类无权缩减生命的丰富性。

中国古代的哲学家，没有对生态伦理作过系统的论述和具体的解释，但在一些著述中，也已谈及与生态伦理相关的问题。如孔子始终主张以"仁爱"之心对待万物。程颢则进一步解释："仁者以万物为一体"。庄子指出："以道观之，何足贵贱"（《庄子·秋水》），更加明确地表示世间万物都是平等的。综观中国先哲的论述，要点大致如下：其一，强调万物平等，如儒家肯定人与万物同源、同构、同体，因而应该一律平等。与此同时，又强调人应以自己的爱心，使万物各得其所，负起维持万物生养的责任。其二，强调对万物的尊重，对大自然要有爱戴和敬畏之心。大自然是人类应该崇尚的对象，"自然而然"是审美的基本标准，甚至是最高标准。其三，强调人对自然的欣赏，认为自然万物莫不"娱目欢心"。

人不但不能破坏自然，还要主动地接近自然，追求自然，邀请大自然。正像张潮在《幽梦影》中所说的那样："艺花可以邀蝶，垒石可以邀云，栽松可以邀风，贮水可以邀萍，筑台可以邀月，种蕉可以邀雨，植柳可以邀蝉。"

古代人不懂得什么是生态伦理学，但与现代人相比，似乎更懂得如何与自然相处，更具有明确的生态伦理意识。

举一个例子。我国的游牧民族在独特的自然环境和社会环境中，创造了独特的草原文化，它与黄河文化、长江文化等，共同构成了灿烂的中华文化。草原文化内涵丰富，生态伦理就是其中的一部分。草原文化中的生态伦理意识主要表现为以下几点：表现之一是对自然存有敬畏之心。游牧民族长年逐水草而居，生活方式、生产方式都与水草风雪等自然条件相联系。在游牧民族的心中，水草等自然物是他们生活的依靠，也是他们审美的对象，因而，尊重、敬畏水草等自然物也就成了他们生态伦理的核心。表现之二是与自然和谐相处。游牧民族依赖水草等大自然，但从不毫无节制地榨取大自然。他们想过幸福的生活，但懂得满足和节俭。他们始终高扬生命的旗帜，把自己比作苍天中的雄鹰。他们在轻歌曼舞中抒发自己的感情，在骑马、摔跤、射箭等文体活动中感悟生命的可贵，从田园牧歌式的生活中获得满足和快乐。游牧民族有许多禁忌，他们不乱砍树木，不杀怀孕的野兽和幼崽，不乱扔兽毛、兽骨和兽血。转场的时候，总要把剩余的垃圾和灰烬掩埋起来。草原上有许多敖包，是牧民们用石子堆起来的。它是一种标志，是牧民们表达情感的记号和符号。它承载着牧民对部落、先民的记忆，也表达着牧民对生养自己的大草原的敬重和怀念。

再举一个例子。生活在羌塘高原上的藏族人，常年仰望大山，他们视山为神，以致诸山各有其名，诸山各有山神。他们忌讳在山神面前玩火、杀生和大吵大闹，表现出对山神由衷的敬畏。他们高度重视森林的作用，把灵魂寄托给森林。砍柴的时候，总是先砍已经枯死的树木、歪斜的树木，很少砍绿树、好树和品种稀缺的树木。

游牧民族和羌塘藏族的这些行为和观念，不能说明他们对自然生态系统已有科学的认识。然而，就是这些朴素的情感和基本出于本能的行为，依然可以为现代人提供宝贵的启示和经验，让现代人从中领会人与自然相处的原则。

由上述分析不难引出如下结论：良好的建筑环境可以促进生态伦理意识的觉醒，能够在提升人的生态伦理观念方面体现自身的价值。

古今中外，有不少描写自然、歌颂自然、倡导人与自然融汇共荣的艺术作品，让人们从绿水青山、白云蓝天、鸟语花香、鱼翔鹰飞、旭日皓月等情景中，进入人与自然亲密无间的审美状态。作为艺术的建筑环境，直接与自然相接触，并拥有众多自然要素，无疑能够在形成人与自然和谐共处的审美意境中，发挥更大的作用：它能够为人们营造一种活泼灵动、生机盎然的气氛，让人们在茶余饭后、生活起居之中，甚至在学习、工作的同时，接触大自然；它还能够告诉人们，自然不是被人奴役的对象，而是人的朋友，从而让人们更加热爱大自然，珍惜大自然，呵护大自然。

总之，建筑环境的伦理价值不仅体现在社会生活中，也体现在人与自然相处的过程中。生活在当今的人们，对伦理的含义应该具有更加宽泛和深刻的认识。

六、生 态 价 值

建筑环境的伦理价值主要表现为能够增强人们的伦理意识，包括生态伦理意识；建筑环境的生态价值则主要表现为它能够真正地促进生态环境的改善。

工业文明不仅使人自身异化、使人与人和人与社会的关系异化，也使自然本身、人与自然的关系异化。自然的异化表现为它直接或间接地受到人为活动的干扰，已经不是原来的自然。人与自然关系的异化主要表现为人与自然失和，人已失去与自然进行原始接触的能力。

自然的异化和人与自然关系的异化，使人类的生存和发展面临严重的挑战，致使人们不得不从惨痛的教训中进行反思，并进而调整人与自然的关系，重视和着手环境的保护和改善。

营造良好的建筑环境对保护和改善整体环境具有正面的价值。这种正面价值主要表现在两个方面：一是在规划设计过程中能够尽量保护原来的地形、地貌、山脉、水体和植被，不但不破坏，还能因地制宜地加以利用。二是建设成果能改善小环境和相关的大环境。良好的住区、厂区和校园，必有完善的绿化和其他以自然物构成的景观，如喷泉、瀑布和小溪等。它们能够调节所在区域的温度和湿度，吸尘、遮阳和隔声，在一定程度上改善该区域的小气候，进而有利于在更大的范围内，维持生态平衡，提高物种的丰富性。有不少这样的住区和校园：它们是花园、果园，甚至还是某些鸟的集散地。

实践早已证明，建筑环境虽是人类生存环境中的一个局部，但如果营造得好，不但能够提升自身的生态品质，还必然能为整体生态环境的改善做出积极的贡献。

注释：

[1]《马克思恩格斯全集》，第 4 卷，人民出版社，1959 年版，第 673 页。

[2]［苏联］鲍列夫，《美学》，乔修业、常谢枫译，中国文联出版公司，1986 年版，第 415 页。

第四章 建筑环境艺术的特性

建筑环境艺术属于艺术，因而必然具有艺术的一般属性。然而，建筑环境艺术又是艺术大家族中一个特殊的门类，因而它又必然具有其他艺术门类所不具有的特殊性。为此，本章将首先介绍艺术的概念、一般属性和艺术的分类，再从建筑环境与其他艺术门类的异同中寻找建筑环境艺术的特殊性。

一、艺术的概念

艺术一词原有"人为"和"人工制造"之意，最早指木工、铁匠、外科手术等技艺或技能。到古希腊时期，其内涵更加宽泛，不仅包含绘画、雕塑、音乐等当今所指的艺术，甚至还包括农林、采矿、剪裁、烹调等技术。18世纪后，艺术的概念逐步纯化，艺术逐步与工艺分离。之后，在西方就专指音乐、绘画、诗歌、舞蹈、建筑、雕塑六类为艺术，并将其称为表现美的艺术。按今人的理解，艺术的宗旨和艺术的本质是用形象反映现实，但比现实更有典型性的社会形态。从这点看，艺术应指绘画、雕塑、建筑、音乐、舞蹈、戏剧、电影、文学等。但在社会实践中，人们也常把艺术看作是富有创造性的、高超的方式、方法，如军事指挥艺术、领导艺术和教学艺术等。

美国学者艾布拉姆斯于1953年出版的《镜与灯——浪漫主义论及批评传统》中指出，艺术由四个要素构成，即世界、艺术家、艺术作品和欣赏者。这里的所谓世界，即客观存在的各种现象与事物，但它不是艺术作品，只是艺术作品反映的对象。现实世界中客观存在的各种现象与事物，只有经过艺术家的审美创造才能成为供人欣赏的艺术品。艾布拉姆斯所说的艺术家是艺术创作的主体，他应该能够从整体上和本质上把握自然和社会生活，应该能够全面了解艺术形式的特色，并熟练地运用这种形式。应该有激情，并把这种激情贯穿于艺术创作的全过程。艾布拉姆斯所说的艺术作品是技艺的产物，而非自然物；是精神产品，而不是直接满足人的物质需求的实用品。它凝结着艺术家的主观情感、思想、观念和意志，是形象思维的结晶，而不是逻辑思维的成果。总之，艺术作品就是艺术家按一定审美理想、审美趣味和意志观念，对现实生活中的事物和现象进行选择、提炼和概括，并借用一定的物质材料物化出来的精神产品。

艺术与科学、道德等都是人类活动的产物，但艺术与科学、道德等明显不同，其主要特点是具有形象性、情感性和独创性。

1. 形象性

形象是艺术生命的载体，这种形象既表现为可感的外在形式，又通过外在形式表现作品的内涵。潘鹤的雕塑《艰苦岁月》，以老战士和小战士在行军途中片刻休息的状况为形象，表现了战士们乐观、向上的神态，又通过这种神态表现了革命战士不畏艰难，信念坚定，对胜利充满信心的意志观念（图 4-1）。

图 4-1　雕塑《艰苦岁月》

2. 情感性

形象是艺术构成的必要条件，但不是充分条件。只有能够引发人们情感反应的形象才能成为艺术品。"地图"是形象，但仅仅是一种知识性的图样，不能引起人们过多的情感反应，故不是艺术品。

艺术作品中的情感有两层含义，一是艺术家融于艺术作品之中的思想情感，二是欣赏者在欣赏艺术作品过程中出现的情感反应。这两种情感有时是契合的，有时又不完全相同。因为欣赏者在欣赏艺术作品中究竟能够产生怎样的情感反应不仅决定于艺术作品，还与欣赏者个人的经历、文化水准、审美能力和审美趣味等相关联。艺术作品中的情感不同于人的日常情感，它是艺术家在自然情感的基础上经过审美升华的情感；是艺术家把个人的情感提升至与人生心灵相通的情感；是艺术家在认识和体验社会的基础上渗入理性的情感。这种情感对欣赏者来说，将有很强的感染力。面对这种艺术作品，欣赏者会表现出或爱或恨、或喜或忧的情感。

3. 独创性

艺术创作是一种精神生产，是人们把握世界的一种方式。艺术来源于生活，但强调创造。这一过程大体分为两个部分：一是构思，二是物质表现。总的要求是构思要有深刻性和独特性，表现要有完美性。

艺术作品的高下，取决于艺术家的世界观、创作方法和技巧，也涉及艺术家的风格与个性。艺术作品的个性，是其宝贵的品质。但这种个性，不能脱离社会生活，不能无视欣赏者的感受。有些艺术作品片面追求形式上的新、奇、特、怪，忽视作品的内涵，必然会损害艺术的审美价值和社会功能。

中国传统美学大力提倡创新，李渔强调"贵变活"，说明变活之重要。郑板桥在题画诗中写道："凡吾画竹，无所师承，多得于纸窗粉壁日光月影中耳"，更加明显地表示了对封闭泥古意识的拒绝，对不断创新的追求。

坚持艺术独创性可以促进艺术的多样化，可以使艺术更好地反映时代精神。

二、艺术的分类

艺术的门类繁多，恰当地进行分类，无论对艺术创作、艺术欣赏还是对艺术科学来说，都有重要的意义。

从艺术创作角度来看，由于不同门类的艺术各有自己的规定性，恰当进行分类将有利于艺术家把握艺术创作的规律和特点，创造出具有特色的艺术品。从欣赏角度看，如果欣赏者具有一定的艺术分类知识，也能尽快地由外及内地进入欣赏状态，并更好地领略艺术作品的内涵，更准确地把握它的本质、特色以及与相关学科如哲学、宗教、科技之间的联系。

艺术作品是艺术家根据自己的审美经验，选择合适的表现方式，通过审美变形而创造出来的。因此，进行艺术分类，必须以艺术家的审美经验和选择的表达方式为基准。

从艺术家的审美经验看，艺术家们可能会分别选择再现型艺术或表现型艺术。所谓再现型艺术，就是以再现客观事物的形象为主，在再现过程中，传达艺术家的思想情感和意志。绘画（具象）、雕塑（具象）、艺术摄影等都是典型的再现型艺术。诗歌、音乐等不擅长再现客观事物的具体形象，而是擅长表现艺术家本人的思想情感和意志，故被称为表现型艺术。

从艺术作品的表达方式看，可以把艺术划分为空间艺术和时间艺术。绘画、雕塑、书法、艺术摄影等，可以在一定的空间内并置地显现，被称为空间艺术。音乐、舞蹈、戏剧、小说等，必须沿时间的流动，先后承接地显现，故被称为时间艺术。绘画、雕塑（活动雕塑除外）、书法、艺术摄影等空间艺术，本身是静态的，对它们的欣赏往往也是在静态中完成的。因此，空间艺术也被称为静态艺术。与之相反的是，舞蹈、戏剧等时间艺术，都是在不断变换形体动作或变化场景的过程中完成的。因此，诸如此类的时间艺术也被称为动态艺术。

划分艺术门类的原则多种多样，如以艺术的功能为原则，只具有精神功能的绘画、雕塑、书法、音乐、小说等被称为纯艺术，而既有精神功能又有物质功能的家具、服装等被称为实用艺术。

还可以把艺术创作手段的多少作为划分艺术门类的标准。如把绘画、雕塑等手段相对单纯的艺术称为单纯性艺术，而把戏剧、电影等运用语言、音乐、美术、灯光、舞蹈等多种手段的艺术称为综合性艺术。

艺术的分类是相对的，其界限也是相对模糊的。随着人类生活的不断丰富，艺术门类不断被扩大，有些艺术已很难被明确地界定为哪一个门类，如现已多见的抽象绘画、抽象雕塑就不能与具象绘画、具象雕塑同称为再现艺术；有些雕塑是流动的，也难以被绝对地称为静态艺术；而所谓"行为艺术"、"大地艺术"

等，甚至很难被归入传统分类中的某一类。

三、建筑环境艺术的特性

建筑环境艺术是艺术中一个比较特殊的门类，了解建筑环境艺术与其他艺术的共同点固然重要，但若把握其特点，更重要的是要了解建筑环境艺术与其他艺术的不同点。因为这对设计师的艺术创造、对广大观众的艺术欣赏都是十分重要的。

（一）物质性

建筑环境艺术是自然物与人工造物的结合。无论是自然物、人造物，还是艺术品，都有特定的物质形态，都与材料、技术和结构等存在着明显的依赖关系。因此，建筑环境美就在很大程度上表现为材料、技术和结构美。如古希腊建筑之美，在很大程度上是由石材表现出来的；中国传统建筑之美，则主要是由木材及相关技术和结构表现出来的。

建筑环境美的诸多形式如自然美、空间美等是其他艺术门类所没有的，或者说是建筑环境美所独有的。所以如此，也源于建筑环境以材料、技术、结构等物质因素为支撑。

建筑环境艺术具有实用艺术的属性。体现实用价值固然离不了物质条件，就是审美价值也需借助于物质条件形成的外在形式来体现。

（二）多面性

建筑环境的构成要素极多，这就导致了它的艺术属性相对复杂，甚至很难把它与某种艺术并列，并明确地归纳至某一个特定的门类。

1. 建筑环境艺术兼有实用艺术与纯艺术的属性

按一般看法，绘画、雕塑、音乐、诗歌等纯艺术只有精神方面的功能，即供人欣赏的功能。尽管纯艺术也需要一些物质材料，如绘画需要画纸、画布、颜料、油彩、画笔，诗歌需要纸、砚、油墨，雕塑需要石膏、木材、石材、钢筋混凝土、不锈钢等，但这些材料只是一种成就艺术品的物质条件，而无关于艺术品的物质功能。

一切艺术都与人类的社会生活有关，但纯艺术只关心人的精神生活，建筑环境艺术则同时关心人们的精神生活和物质生活。

有人把建筑环境能够同时满足人的精神需求和物质需求，称为建筑环境的双重性。而这一点正是建筑环境艺术与纯艺术的主要区别，也是建筑环境艺术带有根本意义的特性。

2. 建筑环境艺术兼有空间艺术和时间艺术的属性

建筑环境中有许多静止不动的要素，如绘画、雕塑、峰石、亭、廊等。人在静止的情况下，欣赏诸如此类的要素，属于"静观静"。此时的建筑环境艺术具有静态艺术或称空间艺术的特性。但如果人在运动中欣赏它们，则属于"动观静"。在这种情况下，人们就会在不同时间看到不同的画面，就会产生步移景换的效果。此时的建筑环境艺术，便有了动态艺术或时间艺术的特性。建筑环境艺术的动态性源于"静观动"、"动观静"和"动观动"。"静观动"者如欣赏者坐在凳椅上欣赏瀑布和喷泉;"动观静"者如欣赏者围绕建筑从不同的角度欣赏建筑物;"动观动"者如人在行进中观察上下穿梭的观光电梯等。

从要素本身看,建筑环境要素中静态的要素往往多于动态的要素。但建筑环境中的人,在许多情况下都处在运动中。他们会在不同的时间看到不同的景观,在不同的角度看到不同的景观,并会因此而产生不同的感受。因此,有人以为,音乐可称一维艺术,绘画可称二维艺术,雕塑可称三维艺术,建筑环境则可称四维艺术,这第四维就是时间因素。

3. 建筑环境艺术兼有再现艺术和表现艺术的属性

建筑环境中的绘画(具象)、雕塑(具象)和艺术摄影等,属于再现艺术。它们可以具有与原型类似甚至酷似的形象,可以用精雕细刻的方法刻画人物,用讲故事的方法叙述事件,从而使欣赏者从具体的形象中领悟人物的性格、情感和事物的面貌。相比之下,建筑环境中的建筑主体、山石、水体、花草树木、灯光照明、装修等大都没有"再现"的功能。因为它们只能以整体风格间接地表达比较抽象的思想情感,诸如平和还是躁动、轻松还是庄严、轻盈还是厚重、朴实还是华丽、开朗还是神秘等氛围,乃至成为一定时代人们思想情感的凝聚和象征。这种表情达意的方式被称为"表现"。因此,建筑环境也就有了表现艺术的属性。

有些时候,建筑环境艺术也能表达比较具体的思想情感,如爱国之情、思乡之意、对某人某事的纪念等。此时,建筑主体、空间布局等固然也能发挥一定的作用,但在很大程度上要依靠绘画、雕塑、艺术摄影等再现艺术的帮助。

绘画、雕塑等再现艺术可以相对自由地表达艺术家个人的思想情感、意志、意愿和所爱所恨,欣赏者也可以通过其作品窥探到艺术家的个性与品格。建筑环境艺术却难以完全做到这一点,这是因为,建筑环境艺术要受功能、技术和经济的制约,在很多情况下又是集体设计和创造的。它所要表达的是一定社会文化背景下的群体心态,而很少是艺术家个人的心态。以中国的皇家园林和众多私家园林为例,它们由不同的艺术家设计,又经历过很长的历史时期,但从总体上看,总是分别反映着皇家贵族和文人墨客两种不同的群体心态,而很少能够看到设计师、工匠个人的情感和意志。

总之,再现艺术乃至整个纯艺术,在表达艺术家个人的思想情感方面具有优越性,但在表现社会群体心态方面却容易受到干扰和限制,在反映现实生活方面具有一定的个别性、偶然性和暂时性。而建筑环境艺术则擅长反映社会整体文化的深层意义,在反映现实方面具有明显的整体性、必然性和久远性。

建筑环境艺术兼有再现艺术和表现艺术的特性,既是它的一大特点,也是它的一大优点。这一优点可以为它的艺术表现增加不少广度和深度。

(三)整体性

中国传统美学历来强调整体意识。这种整体意识建立在哲学的整体观之上。按照这种哲学观观察世界,世界乃是一个涵盖万物的庞大系统。在这个系统中,万物各适其性,各得其所。它们彼此交融,没有凌驾于其他存在物之上的存在物,也没有孤零零可以单独存在的存在物。

西方哲学的基础是"天人相分"，是"人类中心主义"。西方传统美学强调典型，强调"个人"和"局部"，而不像中国美学强调"整体"。西方绘画突出人物，突出个人，画面中的"自然"往往只是一种轻描淡写的陪衬。而中国绘画大多数都把人物置于自然之中，人物所占分量相对较小，高山大川则往往占有很大的分量。在这里，人与自然山水是作为一个整体被表现的。

按照中国传统美学的审美倾向，艺术创作着重表现整体美，欣赏艺术也着重欣赏整体美。宋代山水画家郭熙在《林泉高致·山水训》中明确表示："山以水为血脉，以草木为毛发，以烟云为神采。故山得水而活，得木而华，得云烟为秀媚。水以山为面，以亭榭为眉目，以渔钓为精神。故水得山而媚，得亭榭而明快，得渔钓而旷落，此山水之布置也。"不难看出，在郭熙看来，山水、亭榭、云烟、钓者乃是一个整体。只有如此，山水才能有灵性，才能焕发勃勃的生机。

建筑环境艺术本身是涉及人、自然和社会的艺术，与一般的绘画、雕塑相比，无疑会更加强调建筑环境要素之间的整体美、建筑环境与人之间的整体美以及建筑环境与自然之间的整体美。

首先，要强调建筑环境要素的整体性。建筑环境艺术具有综合艺术的属性，是一个由多种要素组成的系统和整体，其中的任何一个要素都不能脱离建筑环境整体而孤立地存在。建筑环境中的各个要素要在形式和风格上相协调，取得相互契合，相得益彰的效果，而不能彼此对立和冲突。

建筑环境中的各个要素还要在体现内涵上相一致。形式上，它们可以也应该各有特色、各具表现力，但又必须共同表现整个建筑环境的有机秩序和精神，至少不能伤害这种秩序和精神。举例来说，火车站的任务是安全、快捷、准确、舒适地输送旅客，那么，作为火车站内外环境的各种要素，包括空间组合、家具设备、绿化美化、服务设施等，就要以完成上述任务为中心，进行设计和配置。候车室如此，站前广场也如此。

其次，要强调建筑环境与人的整体性。人是建筑环境的主体，建筑环境的整体性，不仅要实现各种要素的协调一致，更要实现人与建筑环境的和谐统一。建筑环境要充分考虑人的各种需求，要让建筑环境"可看"、"可用"和"可游"，进而让人"乐看"、"乐用"和"乐游"。要具有亲切的尺度、认知感和认同感。如今的人们，正在面临"人性分裂"的威胁，不少人与他人的交往越来越少，与外部世界日益隔膜，生活单调、枯燥，内心冷漠、孤独。在这种情况下，强调建筑环境与人的和谐统一尤其重要。

最后，要强调人工环境与自然环境的整体性。建筑环境艺术的整体性还表现为建筑环境与自然的和谐统一。中国造园最讲借景，讲究的是"纳千顷之汪洋，收四时之烂漫"（计成《园冶》）；崇尚的是以画幅当山水，以盆景当苑囿；反映的是人对自然的崇尚、热爱和欣赏。李渔于晚年迁居杭州，并在西湖之畔建"层园"。在谈到如何借景于西湖山水时，他赋诗曰："开窗时与古人逢，岂止阴晴别淡浓。堤上东坡才锦绣，湖中西子面芙蓉"，"似客两峰当面坐，照人一水隔帘清"（《笠翁一家言全集》）。此外，李渔以"层园"命名，也表明他善于因地制宜，适应自然，能够依山势之高低，营造出错落有致、参差变幻的园景。

总之，建筑环境不仅要满足生活上的实用要求，还要满足人们对自然的渴望，让包括自然物和自然现象在内的环境整体"娱目欢心"。

建筑环境艺术的整体性是它的重要特性，也是建筑环境设计的重要原则。从根本上说，强调整体性，就是强调"天人合一"、"知行合一"和"情景合一"。

（四）动态性

建筑环境艺术是一种不断发生变化的艺术，是一种在动态中体现平衡与协调的艺术。这种动态性表现在诸多方面：

首先，建筑环境具有不断成长的特性。一幢建筑，修建的时间可能很长，但终究会有基本完成之日，而建筑的内外环境却往往总是处于一个不断更改、完善的过程中。人们都有这样的经验：在室内，主人会不时变动家具的款式和位置，增减挂画、摆设的种类和数量；在室外，主人也会不时增减、改变山石花草的品类和配置。

其次，建筑环境会在不同的季节（如春夏秋冬）、不同的时间段（如昼夜早晚）、不同的气候条件下（如阴晴雨雪）呈现出不同的形态。

最后，建筑环境艺术的动态性还表现为人们的欣赏位置和角度常常是变动的，在不同位置和角度，人们会看到不同的"画面"，也会得到不同的感受。

（五）强制性

一幅绘画，如果艺术质量低下，人们可以不看；一首乐曲，如果艺术质量低下，人们可以不听。但建筑环境艺术却很难为人们所回避，因为它是直接供人使用和欣赏的，一经完成，不管人们是否喜欢，都要为其"胁迫"，并置身于其中。即使是艺术质量低下的建筑环境，人们也难于视而不见，更难于一爆了之。因为营造任何一个建筑环境都需要可观的人力、物力和财力，轻易推倒重来必然会带来巨大的损失。由此可见，建筑环境艺术具有"强制"人们接受的特性。

第五章　建筑环境美的形态

建筑环境艺术是一个特殊的艺术门类，具有综合艺术的属性。建筑环境美的一些形态，如自然美、空间美等是其他艺术门类所少有的，甚至是没有的。

一、自　然　美

自然美系指自然物及自然现象的美，如日月星辰、江海湖泊、森林草原、花鸟鱼虫等自然物的美以及晨曦、晚霞、潮起、潮落等自然现象的美。

自然先于人类而存在，人与自然的关系源于认识、利用和改造。认识自然是为了更好地利用和改造自然，利用和改造自然又使人对自然的认识逐渐广泛和深刻。在认识、利用和改造自然中，人能发现和学会欣赏自然美。由此可见，自然美存在于自然本身，存在于自然物和自然现象的形式和形态中。人对自然美的认识乃是自然物和自然现象在人的头脑中的一种反映，诸如峨眉天下秀、青城天下幽、泰山天下雄、华山天下险、黄山天下奇等，都是这些山的固有特点在人脑之中的反映。

建筑环境中，有许多自然物，如花草树木、流水、奇石、珍禽等；也涉及不少自然现象，如阴晴雨雪、光影变化等。但其中的自然物已经不是原生自然物，而是人化自然物。因为它们都已受到人的干预，都经过这样那样的选择、加工、改造和配置，已经成了人工环境——建筑环境的要素。然而，上述干预并未从根本上改变它们的自然属性——自然性：花坛中的花虽属人工栽植，仍然是花；水池中的水，虽有池岸约束，仍然是水；水中之鱼，虽然大都经过人工培育，仍然是鱼。因此，它们依然可以像原生自然物一样显示出自然美。

热爱自然是人的天性，因为人来源于大自然，是大自然的一部分。人类从远古开始，就生活在大自然之中，深山老林、江河湖畔、草地是他们的生活环境，为他们提供生活条件和生产资料；朝霞，夕阳、明月、繁星、清泉、小溪是他们终生的伙伴，随之，也就成了他们审美的对象。进入文明时代后，人类的生活环境有了极大的改变，完善的住房、庭院和一幢幢现代房屋，足以让他们免受风霜雨雪之苦。但人们依然依恋自然，不仅通过门窗取得良好的通风和日照，不仅通过阳台、露台欣赏室外美景，还千方百计地跑到海边、湖畔、草原更直接地接触大自然，亲近大自然，享受自然美，在赏心悦目、心旷神怡中达到放松心情、修身养性的目的。

总之，人们所以重视自然美，从根本上说，是人与大自然之间有一种涉及生命的功利关系，有一种关乎人的生活、生存、发展的天然联系。

与艺术美和社会美相比，自然美具有以下特点：

（一）原生性

建筑环境中的自然物，虽为人化了的自然物，但并未完全丧失其原生性。

现代人见惯了大批量生产、多次复制的人造物。它们单调、僵直、生硬、缺乏生气，逐渐让人厌倦和排斥。与之相比，自然物千姿百态，充满野性，很少人工雕琢的痕迹，更容易让人感到新奇和兴奋（图5-1、彩图2、彩图3）。

图 5-1　具有野趣的外环境

随着人类环境意识的觉醒，今天的人们甚至表现出对于荒蛮性景观的偏爱，芦苇、蒿草、野花引发了人们更大的兴趣。一些大学校园在规划中故意保留一部分原生态景观，一些城市开始修建湿地公园，就连巴黎这种知名城市也有意让景观带上诸多的荒野性。从凯旋门出发，沿香榭丽舍大街前行，你可以看到巴黎最豪华的人造风景区。但行至路尽，却有另外一种景象。在那里，大树的落叶层层叠叠，园林工并不刻意打扫，以致下面的逐渐成为肥料，上面的尽显枯黄，呈现出一派略带荒蛮的野趣。日本的许多寺庙庭院，也有类似的情形，地上的落叶，有意扫而不尽，就是为了让人享受质朴自然的气息。从图5-2、彩图4可以看出这种景象的魅力。

中国传统美学从不排除野趣，在营造建筑环境中，很能因地制宜，合理搭配文野，寻求富有诗情画意的场景。北京恭王府花园就在人造风景的周围，环绕着具有乡野风采的土山，并放任其上生长酸枣棵子等植物。我国许多古老建筑物的外墙，常常爬满常青藤，它们不仅具有隔热等物理作用，同样具有原生、古朴的审美意义。

现代建筑大面积使用玻璃幕墙，给人的印象虽然时尚，但却冰冷单调。在其上局部覆以攀缘植物，也能收到软化立面、增加野趣的效果（图5-3）。

总之，自然物的原生性是独特的，又是具有魅力的。它能够带给人们关于"生命之根"的联想。在大理石、玻璃、瓷砖等硬质材料铺天盖地的今天，适当加入带有荒野性质的自然元素，可以大大增加建筑环境的丰富性，使建筑环境更具自然气息和人文意义。

图 5-2　扫面不尽的落叶

图 5-3　攀缘植物的魄力

（二）生命性

建筑环境中的自然物有生命体，也有非生命体，但无论是生命体还是非生命体，都能给人带来许多关于生活、生命的感悟。

花草树木的生长过程短时内是感觉不到的，但凭常识，凭理性，人们都知道它们是生命体，都在生长中。因此，无论是万紫千红的鲜花，还是葱郁茂盛的树木，都能给人以充满活力、蓬勃向上的感受，让人在审美过程中受到激励和鼓舞。

花草树木是由下向上生长的，其生长方向正好与地心引力相反，这种现象本身就让人振奋。如果有机会看到竹笋破土而出，小草从石板的边缘伸出嫩叶，人们会更加清晰地意识到它们顽强的生命力，并从中得到积极的启示。

人的年龄也就一百多岁，但有些大树的树龄可到几百岁。人们看到历尽沧桑仍然枝繁叶茂的古树，会感叹人世的艰辛、生活和生命的可贵，从而会更加珍爱生活与生命。

陕西黄帝陵的黄帝"手植柏"，几个人牵手才能环抱，那粗糙的表皮、弯曲的枝丫以及至今仍然茂密的树冠，不能不令人的情思与久远的中华文化相联系，与先祖的创业精神相联系，进而从抚昔思今的过程中得到启示和教益。

自然物中的非生命体同样可以显示出生命性：一块深埋于土中、表面长满苔藓的巨石，有可能让人想到岁月的沧桑；一条清澈的小溪，虽然没有"大江东去，浪淘尽千古风流人物"的气势，但同样有可能让人产生关于生命不息的赞颂，生发关于"时间一去不返"、"生命不可重复"、"莫等闲白了少年头"等种种感叹。

各种水景也能诱发人们关于生命和生存的联想。因为，水是生命之源，水成就了生命，又支撑了生命，与人的生命和生存具有最为原始、也最为直接的联系（图5-4、彩图5）。应该特别说说喷泉。喷泉本属人造物，但其中的水却是自然物（当然是人化了的自然物）。喷泉喷发的水柱由下而上，与自由下落的方向相反，因而更能令人振奋，进而引发人们关于生命性及生命力的赞叹。

图5-4　富有生命力的水景

（三）多样性

人造物之多无法统计，自然物之多更是无法统计。重要的是许多人造物是批量生产的，相似者、相同者颇多。自然物却绝无这种现象，正所谓"世上没有两片相同的树叶"，"没有两朵相同的花朵"，也"没有两颗相同的卵石"。

自然物的多样性反映在形状、色彩、质地等诸多方面，如果把自然物与人造物作一个对比，不难发现，自然物在形态、色彩、质地等方面的多样性尤其明显，因此，其审美价值也更加突出。

第一，自然物可与人造物在形态上形成对比。建筑环境中的建筑实体、广场、道路等多为几何形，轮廓线多为直线或几何曲线；而自然物的轮廓都非几何形，轮廓线也都是不规则的线。于是，几何形与自由形、直线与自由线之间便会形成鲜明的对比，从而使建筑环境由呆板、单调变得生动和有活力。

第二，自然物可以在色彩上与人造物形成对比。自然物色彩丰富，是任何高明的画家也无法调制的。人造物特别是建筑物，尽管也可色彩斑斓，终究没有自然物色彩丰富，如能实现两者的合理搭配，必将使建筑环境的色彩更加丰富和有层次。

第三，自然物可以在质地上与人造物形成对比。建筑环境中的建筑实体是内外环境的重要界面。作为垂直界面的外墙，其饰面主要是瓷砖、石板、玻璃、铝塑板、不锈钢及外墙漆。在建筑外环境中，广场、道路所占面积很大，表面铺装主要是混凝土、沥青及广场砖。不难想象，大面积使用如此这般的材料，很难给人以亲切感。花草树木等恰好与这些材料相反，具有相对柔软的质感，如与上述材料搭配，必能削弱和软化外墙饰面和广场、道路铺装的冷漠感，使建筑环境更有人情味。

（四）易变性

建筑环境中的自然物和自然现象是不断变化的，因此，自然美必然表现出易变性，并因此而具有动态美的特性。

自然物和自然现象的动态美的特性来自三个方面：

一是来自自然物和自然现象本身，如花开花落、草枯草荣、日出日落、斗转星移等遵循客观规律的运动。

二是来自其他因素的影响，特别是昼夜、季节、阴晴的影响。这种影响往往可以使作为审美客体的自然物及自然现象给人以不同的审美感受，就像雪中赏花和雾里看花一样，给人的感觉是完全不同的。

我国的江南民居素以粉墙黛瓦而著名。其实，那白白的墙面不仅能以自身的素雅成为审美的对象，还能与前面的竹、梅、奇石等，形成底与图的关系，成为竹、梅、奇石等的背景，显示景观的丰富性。更让人不能忽视的是，竹、梅、奇石等在白墙上形成的影子，会随着阳光投射角度的不同而不同。于是，这不断变化的光影就会呈现出动态美（图5-5）。

一池清水，不算稀奇，但在不同的气候条件下，却能变幻出不同的景象：风和日丽之时，池水宛如明镜，周围的景物会在池中形成清晰的倒影；微风乍起，激起层层波澜，池水能显示运动的韵律；小雨淅沥，雨点落至水面，水面会呈现出众多向外扩散的同心圆；皓月当空，天上一个月亮，水中一个月亮，气氛宁静，会勾起人们诸多联想。

图 5-5　迷人的光影变化

关于自然物在不同条件下能够呈现出不同表情这一点，我国古代的文人墨客早有清晰的认识。北宋著名山水画家郭熙就清楚地说过："春山烟云连绵，人欣欣；夏山嘉木繁阴，人坦坦；秋山明净摇落，人肃肃；冬山昏霾翳塞，人寂寂"。按着郭熙的说法，同为一座山，春夏秋冬所呈现的面貌是大不相同的，给人的感受也是大不同相的。春季看山，山有生机，人会因之欣欣畅快；夏季看山，花树繁茂，人会因之心情坦然；秋季看山，虽有斑斓色彩，然有落叶满地，难免让人心生肃穆；冬日看山，山似入睡，人也寂寥，似乎都在等待即将到来的春天。

自然美所以具有动态特点的第三个原因是，人们欣赏自然景观的角度往往处在变动中。人们欣赏建筑环境的自然景观，与欣赏一幅挂画的情形是很不相同的。欣赏挂画时，人的位置是相对静止的，即属于静态欣赏；欣赏自然景观时，人往往处于运动状态，这样的欣赏则属动态欣赏。动态欣赏自然景观，也就是从不同的视角欣赏景观，审美体验会大不一样，正所谓"横看成岭侧成峰，远近高低各不同。"

（五）启迪性

从哲学观和自然观上看，西方倾向于"天人相分"，重宗教，重物质，重功利；中国倾向于"天人合一"，重伦理，重视审美关系中人与自然的和谐。于是，在中国的传统美学中，人与自然的关系总是受伦理观念的支配，在一定程度上，人与自然的关系也就转化成了人与人的关系。

在中国传统美学中，有"比德"、"畅神"、"言志"之说。

所谓"比德"，就是将自然物的某些形态、性质、特征与人的品德性格相联系，以自然物的形态、性质、特征为基础，注入伦理、道德、礼仪方面的内容，如以松寓意坚定，以竹寓意刚直，以梅寓意抗争，以荷寓意高洁等。

所谓"畅神"，指的是心情上的愉悦，人们浏览名山大川，由"悦目"而"赏心"，就是典型的"畅神"。

"言志"是借物言情，表达自己的志向和意愿，通常具有强烈的激励性。郑板桥《题竹石》："咬定青山不放松，立根原在破岩中，千磨万击还坚劲，任尔东西南北风"就是借山岩之竹，表达自己不怕磨难，不任摆布的品行。

在建筑环境中，能够让人"比德"、"畅神"、"言志"的要素有两类：一类是自然物，如松、竹、梅、兰、菊、水、石等；另一类是以这类自然物为题材的艺术品。

应该说明，上述两类要素能够引发的情感反应，不一定都是积极的，如败荷、残花、枯草等很可能引人产生消极的联想。但在一般情况下，建筑环境中的自然景物和以自然物为题材的艺术品都应该给人以积极的启示，即把人们关于自然物的欣赏由形式层面引向心理层面，让它们在陶冶人们的情操方面发挥积极的作用。也正因如此，无论在建筑外环境中还是在建筑内环境中，人们总是喜欢营造树木、草坪、花坛、假山、湖池等自然景观，摆放盆景、盆花、奇石等陈设，或安排以自然物为题材的绘画、摄影等艺术品（图5-6、图5-7）。

图 5-6　有启迪性的外环境

图 5-7　有启迪性的内环境

通过关于自然美的启迪性的初步分析可以看出，对自然美的欣赏过程乃是人与自然相融的过程。在这一过程中，自然物是美的载体，自然物的形态、性质是客观存在，是审美主体寄托情感、抒发志向、安享快乐的对象，没有它们就无法启迪审美主体的联想。但在实现人与自然物的沟通中，人又始终处于主导的地位。

自然美与艺术美、社会美相比，丰富、灵动和真切，其独特的意蕴是许多人造物和艺术品所少有和没有的。

二、空 间 美

"空间是建筑的主角"，空间美是建筑环境独有的美。为了真切地了解空间美，先就空间的意义和构成作一个简要地分析：

（一）空间是建筑环境的主角

我们在日常生活中直接感受到的建筑环境是建筑实体以及建筑环境的要素，但建筑环境中真正供人使用的部分主要是建筑实体内由墙、楼板、屋顶以及建筑实体外由树木、栅栏等围合或分割的内外空间。

空间和时间是事物存在的必要条件，人们从事各种活动都离不开一定的空间和时间。营造建筑环境的主要目的是形成各类空间供人使用，而这一点也正好成了建筑环境艺术有别于其他艺术的显著特征。

绘画是平面的，只有高宽两个维度。雕塑是立体的，具有长、宽、高三个维度，但人们也只能从外部欣赏，而不能进入内部。即使有些雕塑是"空心"的，也只是技术、经济上的要求，而不是让人们进入内部活动和欣赏。只有建筑环境中的内外空间具有容器性质，可以让人们在其中从事各种活动，并感受其艺术性。

（二）建筑环境中的空间构成

从大的方面说，空间可分为天然空间和人为空间两大类。天然空间如草原、沙漠等，是天然形成的，虽有边界，但很难为人的感官所感知。人为空间是由人们按照一定的目的要求营造的，因此，也可称目的空间。人为空间由界面围成，处于顶部的称顶界面，处于周围的称侧界面，处于底部的称底界面。三种界面俱全的空间称内部空间，最典型的内部空间即"房间"，如厅、堂、廊、室等。其顶界面一般为顶棚，侧界面一般为墙面、门、窗和柱廊，底界面即为楼面和地面。顶界面、侧界面的密闭程度可能多种多样，由相对开敞的界面围合的内部空间称开敞式空间，相反的，以实墙等界面围合的内部空间则称封闭式空间。

在大的空间内，可以用其他环境要素进一步分割出许多小空间，如在大餐厅内用屏风、隔断、家具、帷幔等分割出大厅、雅座、包间和酒吧；在大庭园中用树墙、栏栅、矮墙、小溪等分割出儿童游戏场、成人健身场和展示广场等。这种细分出来的空间，全都处在原有的大空间之内，彼此并不绝对隔离，但又各有相对的独立性。

空间的首要功能是供人使用，只有那些有人参与的空间，才有场所意义，才能显示空间的生命力。从这个角度说，空间是建筑环境的主角，人则是空间的主角。

（三）建筑环境空间美的表现

建筑环境的空间美主要表现在四大方面：一是单个空间的空间美；二是组合空间的空间美；三是单个空间及组合空间的态势美；四是由于空间界限变得模糊而产生的空间美。

1. 单个空间的空间美

单个空间的空间美，来自空间的形状、大小、比例、色彩等。

房间也好，场地也好，都有明确的形状，但不同的形状给人的审美感受是不同的。

方形空间给人的突出感受是双向力度相等，最为平和与稳定，因而多用于接待厅、会议厅等略显庄重严肃的场合。

矩形空间双向力度不等，差别越大，沿长边的动势越大，因此，常常用于一般用房，特别是走廊、展廊等场合。

圆形空间圆润、完整、稳定感强。用于杂技场等场合时，由于表演场地居中，有强烈的向心力，可以最大限度地把观众的注意力引向中央；用于旋转餐厅等场合时，由于内实外空，四周都是玻璃窗，具有强烈的离心力，可以有效地让顾客在进餐的同时欣赏周围的景色。

三角形等带有锐角的空间，难于布置家具、设备，其尖锐的形态又容易让人产生紧张感，故很少出现在建筑环境中。

自由形空间流畅自然，但不够稳定，容易让人失去方向感，甚至产生神秘感，可以用在娱乐场所或需要制造神秘气氛的场所。

中西方建筑环境在选定空间形状时往往会表现出不同的思想倾向。西方外环境中的花坛、水池、喷泉等多为几何形，显示的是"几何美"，暗含着"改造自然"、"人可胜天"的思想意识。中国建筑环境中的同类要素多为自由形，显示的是"天然美"，暗含着与自然和谐共处的思想意识。在建筑环境设计实践中，设计师很少采用形状奇特的空间，但如果用之得当，奇特的空间还真的能够产生令人赞叹的效果。苏格兰议会大厦中的一些小型会议室，采用船形平面，宛如停靠在岸边的小船。它造型轻盈、气氛宁静，很适合作为需要冷静思考、认真讨论的会议室（图5-8、图5-9）。

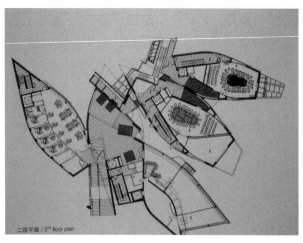

　　　　　　　　　　图 5-8　船形会议室平面

图 5-9　船形会议室内景

　　空间的大小、比例、明暗与开敞程度也能影响人们的情绪：如高大宽敞明亮的大厅，会使人觉得开朗和舒畅；过低而昏暗的厅堂，会使人感到压抑和沉闷；尺度宜人的厅室，会使人感到温馨和亲切；开敞的亭廊将内外环境连成一片，会使人欣赏到更多的景观，从而心情舒畅；封闭的斗室会使人消沉、紧张，甚至产生焦虑感和恐惧感。在外环境中，常常见到一些大广场和大马路，由于与人的尺度失调，会使身处其中的人无所依靠，产生渺小和卑微的感觉。

　　总之，单个空间的空间美，是由空间的形状、大小、比例、开敞程度乃至色彩决定的。但也与空间内的其他要素如雕塑、绘画、家具、陈设及山水绿化等有关系。试举两例：

　　例1，朗香教堂

　　朗香教堂位于法国东部山区，是一个古老村庄的教堂，由法国建筑师勒·柯布西耶设计，建成于1955年。该教堂平面极不规则，极富凹凸变化。墙面既弯又斜，墙上开着稀稀落落大小不等的门窗。沉重的屋顶向上翻卷，墙与屋顶之间除少数几个交点外并不相连。由墙与屋顶间的缝隙和窗口投射入室内的阳光，成束成片且又暗淡。奇特的空间体形与怪异的光影变化使教堂有了非常神秘的气氛。人在其中几乎失去了方向感，找不到确定自我尺度的依据。剩下的只有"唯神忘我"的感觉，即对上帝的虔诚（图5-10）。

　　例2，迦登格罗夫水晶教堂

　　迦登格罗夫水晶教堂位于美国加利福尼亚州，建成于1980年，是美国建筑师菲利普·约翰逊设计的。该教堂顶部和四周全用网架结构，并在其上覆盖吸热玻璃。教堂空间单纯、高敞。光线透过玻璃投射到室内，使教堂格外明亮清澈，又有影影绰绰的效果。置身其中，似在水中荡漾，如登临天堂一般（彩图6）。

　　上述两座教堂，以不同的空间形态和光影效果，形成了两种不同的氛围：一个神秘，一个亲切。它们各有独特的审美意义，但又都能强化信徒的宗教意识，可以说是异曲同工的佳作。

　　单个空间的审美效果是空间实体与空间内的要素相互促进、彼此互动的结果，

57

图 5-10　朗香教堂内景

只是出于讨论上的方便，我们才在上述文字中突出了形状、大小、比例的作用。

2. 组合空间的空间美

如果说单个空间的审美意义源于空间"自身"，那么，组合空间的审美意义则源于空间与空间之间的"关系"。

大多数建筑环境都是由多个空间组合而成的：建筑的内环境可能由多个厅、室，通过过厅、走道和楼梯相组合；建筑的外环境则可能由多个广场、活动场地、水池、草坪等通过道路相组合。这些空间形成了一定的"关系"，这种"关系"可能给人以不同的审美感受。

组合性空间有三种基本形态，第一种是横向展开式，最典型的例子就是我国的院落。中国传统建筑的群体大多数是沿横向展开的，一个院落连一个院落，徐徐展开，依次递进。第二种是竖向展开式。这种形态在中国传统建筑中较少，只见于塔、楼、阁等多层建筑，而在现代建筑中则比比皆是，高层、超高层建筑就是最为典型的例子。第三种是横向与竖向结合展开的，现代的酒店、写字楼，特别是商业综合体，大都采取这种方式。中国古代园林虽无高楼大厦，但也有高低错落的布局，也可以看作是横向、竖向结合展开的。

无论哪类组合性空间，都涉及这一空间与另一空间的关系。组合性空间的美，就是由这种关系表现出来的。

1）空间对比产生的美

不同空间在形状、大小、比例、色彩、明暗等方面会有或大或小的差异。较大的差异，能形成强烈的对比；较小的差异，会显示彼此的统一。空间与空间是倾向对比还是倾向统一，将会产生不同的审美效果。

空间的对比与统一，所以能够引起心理上的反应，皆与人的需求有关。从人的基本需求看，人有追求"平衡"的一面，如企求悠闲、舒适、宁静、平安等；与此同时，又有追求"运动"的一面，如求新、求变、寻求刺激等。平衡与运动都是生命体所需要的，共存的基本规律是静极趋动，动极趋静，保持动态的平衡。

身处组合空间的人，也要保持动态的平衡。多个空间相同或相似，人们会感到平淡乏味，从而希望形成较多的变化；空间反差过大时，人们会感到杂乱无

58

序，从而企盼和谐与统一。

组合空间应在多大程度上强调对比，在多大程度上强调统一，要充分考虑建筑环境的功能和性质。与此同时，还要考虑人的生理—心理特点，即在突出静、动特点的同时，注意实现两者的平衡。

组合空间的对比有两类：一类是同时对比，即人可以同时感知（主要是看到）两个或两个以上具有对比性质的空间；另一类是连续对比或称先后对比，即人在运动中有先有后地感知（主要是看到）两个或两个以上具有对比性质的空间。

对比类空间，对比强度有强有弱。对比较弱者，可以天津博物馆的外环境为例子。该博物馆的外环境由两个广场和天鹅湖构成，三部分有大小之分，有水陆之别，但都是圆形平面，可说是对比之中有统一。对比强度较大者，可以慕尼黑理工大学的博物馆为例子。该博物馆是获得国际认可的建筑史研究中心，有十分珍贵的藏品。它由入口大厅、展厅、国家艺术陈列廊、新品陈列室和临时陈列室等空间构成。这些空间的平面分别为圆形、方形和矩形，人们流连于博物馆，不仅能接触宝贵的资料，还能切实地感受到空间的差异。

苏州留园是苏州的四大名园之一。该园入口位于留园路的北侧。沿着狭窄的走廊和天井，可以行至"古木交柯"。这一段狭窄的走廊和天井，由五六个空间组成，这些空间不仅形状不同，大小、比例、明暗也不同，对比效果十分明显。经过这段走廊和天井，可以北行至绿荫轩。在这里，可以透过漏窗欣赏中区之景致。中部水面，由曲桥和蓬莱岛划分为东西两大部分，池面北部为假山，东与南有清风池馆和涵碧山房等园林建筑。由入口处狭窄的走廊突然转入视野广阔的中区，是空间上的一大突变，令人颇有"山重水复疑无路，柳暗花明又一村"之感。这种感受，就是空间对比产生的效果。

2）空间穿插与渗透产生的美

新奇的事物容易引起人们的注意，复杂多变的空间，也必然比简单平淡的空间更易受到人们的关注。

贝聿铭设计的华盛顿美术馆东馆，平面大致为两个三角形，西北部的三角形为展览馆，东南部的三角形为管理部分。展览馆内有一个三角形大厅，是展览馆的中心，展区则围绕这个大厅布置。人们置身于大厅，通过一些开口可以看到周围的展区，并可通过楼梯、自动扶梯和天桥等到达其他展区。大厅高 25m，上为钢制网架天窗，光线经过天窗上的遮阳镜折射、漫射至厅内，柔和而有情趣。大厅有挑台、天桥穿插其间，四周有诸多开口与其他空间沟通，形成了十分丰富的空间效果和亲切的气氛。

美术东馆的诸多空间，你中有我，我中有你，相互咬合，彼此沟通，是空间穿插、渗透的典型实例。

广州太谷汇中庭有多部自动扶梯和天桥，它们纵横交错，上下沟通，也使空间有了穿插渗透的意味（图 5-11）。

空间的穿插与渗透也见诸于外环境。北京"蓝色港湾"是一个商业、休闲区。该区的建筑位于几个标高不同的地面上，不同的地面之间用坡道、台阶和自动扶梯相连，有些建筑之间还设有连廊。整个建筑环境错落有致，极具变化，使人们能在

图 5-11　太谷汇的中庭

此空间看到彼空间，从而享受到由于空间穿插渗透而带来的美感（图 5-12）。

中国古典园林中的"借景"，也是实现空间穿插渗透的手段。所谓借景，就是通过景窗、景洞、柱廊等，将外部的景观引至内部。这时，内与外便形成了相互渗透的态势。借景能增加空间的层次感和丰富性，当将自然景观借至室内时，还能增添人工环境的自然气息。

图 5-12　"蓝色港湾"的庭院

借景的手法源于中国古典园林，如今已被广泛用于当今的建筑。广州白天鹅宾馆通过玻璃幕墙，将珠江景色引至咖啡厅；北京贵宾楼饭店二层的自助餐厅，通过落地窗将室外的一段皇城红墙引入室内，都是成功的例子。图 5-13 是西湖"我心相印亭"通过景窗、景洞借景的情形。图 5-14 是韩国现代美术馆通过大片玻璃窗"借景"的情形。

3）空间的序列产生的美

诗歌讲究抑、扬、顿、挫，古文讲究启、承、转、合，乐曲有引子、过渡、高潮和尾声，空间组合在一定条件下，也可以组织成与诗歌、古文和乐曲相似的具有韵律的有头有尾的序列。

图 5-13　通过景窗、景洞借景

图 5-14　通过大片玻璃窗借景

空间的序列性在园林、广场、庭院和群体设计中最为常见。在现代建筑环境中，还常常将雕塑、山石、水体等环境要素组织在空间序列中，用以强调人造物与自然物的结合，以期创造出纵横交错、层次丰富、鲜活而又有序的空间系列。

人在完整的序列空间中徜徉，心情必然随序列的变化而变化，随着序列中"高潮"的出现而激动，随着序列的"结束"而平复。这种状况在很多宗教性建筑环境中会有更加明显地显现。曾经到寺庙烧香许愿的信众们，可能都有这样的体验：当发现庙前的旗杆、经幡时，心里会为之一动，以致不知不觉地加快前进的脚步；经过山门时，心情会稍稍紧张，但又充满期待；到大殿合十跪拜、焚香许愿时，虔诚之情会达至顶点；经过大殿，到达藏经阁或花园时，心情才会逐渐平复。在这一序列里，旗杆等可以看作"引子"，"山门"可以看作"过渡"，大殿是"高潮"，藏经阁和花园则是序列的结束。在这种经历中，人们领略了空间的序列，历经了情感上的起伏，也完成了与之相应的审美体验。

有人以为，序列性只存在于纪念性、宗教性较强的建筑环境中，其实，普通的建筑环境，同样可以表现出明显的序列性。台湾台中市某售楼中心，以"桃花

61

源记"为立意，设计了一个很有序列性质的环境。还把这一序列延伸到了附近的公园。该中心入口隐秘，走进入口后，有一条顶棚较低的玻璃廊。这是一个过渡性的空间，在这里，人们可以看到庭院的绿化和景观，心情自然也会得到舒缓。沿玻璃廊继续前行，便到达中心的大厅。该大厅宽敞明亮，当仁不让地成为序列的重点。大厅周围，散落布置着诸多小空间，包括接待室、洽谈室、模型室和样品室。在这里，人们可以休息品茶、洽谈业务，感受闲适轻松的气氛。从空间序列看，这些小空间，无疑具有"结尾"的性质（图 5-15、图 5-16）。

图 5-15   入口处的坡道

图 5-16   玻璃连廊

3. "模糊"空间的空间美

设计手段和理念不断更新，审美观念也会随之改变。已往，空间的性质、界面的区分等，相对明确；而今，内部空间与外部空间、建筑空间与建筑基地、内部空间的各种界面以及建筑与家具的界限，却逐渐模糊。这种模糊，将给人们带来一种朦胧美，能使人们在模模糊糊、朦朦胧胧中获得新的审美感受。

1) 空间性质的模糊

通常，建筑空间常被划分为内部空间和外部空间。丹下健三提出"灰调子"的概念之后，人们又认可了作为内外空间过渡部分的"灰空间"。然而，在当前的建筑环境中，空间的性质和范围已日渐模糊：有些建筑设置大露台或大挑台，与内部厅、堂相连，成为厅、堂的延伸；有些厅、堂或设玻璃幕墙，或设玻璃顶棚，内部空间的性质在一定程度上受到削弱。

纽约东汉普顿庄园是一所私人住宅，其阳台上有一露天起居室和餐厅。考究的壁炉是起居室的焦点，枝条交错的榆树是起居室的"顶棚"，这就使这个处于建筑外部的空间，几乎完全具备了内部空间的特点（彩图7）。该庄园的门廊处有一休息区，是内外空间的过渡，但从功能和陈设上看，同样具有内部空间的特点（图5-17）。

图 5-17　门廊处的过渡空间

63

　　美国洛杉矶艺术中心区的"小村庄"，是由几幢豪华公寓组成的。在车库的顶部，设计师设计了四个功能、形状不一的庭院，其中的一个庭院是供居民进行社交活动的户外起居室和餐饮区。该庭院占地 465m²，被几座喷泉、矮墙分割成几个独立的部分，可分别供人围着火炉闲聊、烹饪和就餐。庭院的周围满栽竹子和罗汉松，整个环境充分表现出空间性质、界面种类、人工与自然的界限相对模糊的特性，让置身其中的人们有一种似在室内，又似在室外，似在人工环境之中，又似在自然环境之中的梦幻般的心理体验（彩图 8）。

　　其实，在中国传统建筑中，空间性质和范围相对模糊的情况并不少见：亭、廊、轩等都开敞一面或多面，使内部空间与外部空间连通一气；厅、堂等设置隔扇门，在必要时可以全部打开，使外部空间（如院落）与内部空间相衔接，成为内部空间的扩大与延伸。

　　在当代建筑环境设计中，早有"室内设计室外化"和"室外设计室内化"之说。其目的都是让人们兼收人工环境和自然环境之利。中国银行总部大厦是由贝聿铭设计的，中庭的园林极富自然气息，应是"室内设计室外化"的又一实例（彩图 9）。

　　2）空间界面的模糊

　　一个六面体的房间，界面的性质和范围是十分明晰的：墙为侧界面，地面为底界面，顶棚为顶界面。而今天，这种明晰的状况却在慢慢地改变。

　　有些建筑空间是球形的或非几何体的，分不清哪里是墙，哪里是顶棚（图5-18）；有些内部空间虽然有墙有天花，但由于设计者或故意把它们连成一体，或故意用照明、装饰等造成视错觉，也难于找到墙与天花的界限（图5-19）。

图 5-18　空间界面模糊（例一）

　　3）建筑与家具的模糊

　　有一种设计方法叫建筑与家具一体化。在这样的空间中，家具和某些设备不是"摆"上去的或是"装"上去的，而是与建筑实体连成一体的。这些家具可能是床或会议桌，这些设备可能是浴缸或洗手盆。它们与建筑自然地整合为一体，

图 5-19　空间界面模糊（例二）

是不能随意移动的（图 5-20）。采用建筑与家具一体化的做法，主要目的是突破陈规，给人以新鲜感，而人们也确实能在这种相对少见的做法中，产生惊讶、兴奋的心理反应。

图 5-20　建筑与家具一体化的实例

4）建筑与地表的模糊

表现之一，是建筑与地表的关系复杂化。在建筑与地表进行重构后，建筑空间便与地表结合在一起。垂直方向上，空间的高低会因地表的起伏多变而变得不

65

明确；水平方向上，空间的大小也会因地表的重重叠叠而很难确定其边界。按一般习惯，挑台覆盖的空间范围，是按其投影的大小界定的，但在地表高低错落或倾斜的情况下，这一范围就有可能变得不明确。如广州歌剧院地处一块高地之上。建筑实体与室外坡地、水面、草坪融合成一体，很难严格界定哪里是建筑，哪里是地表（图 5-21）。彩图 10 表示的是另一个建筑与地表紧密结合、界限相对模糊的例子。

图 5-21　建筑与地表一体化的实例

表现之二，是空间界面与地表的关系复杂化。按一般看法，内部空间是由三种界面围合的。但今天，复杂的地表已渐渐渗透至内部空间，一些倾斜的地面，层层的台地、宽宽的挑台等，很难按传统看法界定它们究竟是底界面还是垂直界面，只觉得如此这般的建筑环境，界面与地表的关系变得复杂了，空间的层次更加丰富了。

4. 空间的态势美

按空间的态势，可以把空间划分为两大类，即静态空间和动态空间。静态空间显示的是静态美，动态空间显示的是动态美。静态美与动态美没有高低、贵贱之分，从建筑环境设计角度说，必须做到该静则静，该动则动，静动合宜。但从心理学的角度说，动态空间无疑会更加引人注意，并能在心理和情感上引起更为强烈的反应。

构成建筑环境的要素多数是静止的，如挂画、雕刻、书法、壁毯、家具、陈设等，也有一些是活动的，如瀑布、喷泉、小溪等。活动的要素固然能使空间有动感，但要使空间具备动态美，绝不能单靠活动的要素，而是要充分考虑要素之间，特别是要素与人之间的关系，把不同的要素恰当地组合起来。

建筑空间的动态美有以下几类：

1）由具有动感的空间关系引发的动态美

用引导、提示、暗示的方法组织人流，让人们按着既定的线路流动；通过空间的收放，控制人们行进的速度等都是创造动态空间常用的手法。人们都有这样的体验：身在狭窄长廊，往往会加快脚步前行；走到一个加宽的部分，往往会暂停休息；走到端部的亭子，则可能坐下来停留较长的时间。在这一过程中，人们所以能忽快忽慢或走或停，皆与空间的收放有关。正是这种有收有放的空间，为人们提供了"暗示"，在一定程度上控制了人们的静与动。

2）由具有动感的陈设引发的动态美

绘画、书法、摄影和雕塑等本身是不动的，但如果选用动感强烈的内容和形式就会让人产生联想和想象，并由此领略到空间的动态美。大雁南飞的画面，可以让人想到呼啸的寒风；波涛翻滚的画面，可以让人联想起"秦皇岛外打鱼船"；以战争为题材的画面，可以让人听到人喊马嘶，看到刀光剑影，想到战争的惨烈；即使是没有具体内容的抽象绘画或抽象雕塑，如果有飘逸的线条，明显的动势，也会强化空间的动态感。某酒店客房，以一批奇形怪状的陶瓷摆件、香蕉状的沙发靠垫和造型活泼生动的玩偶为陈设，气氛活跃灵动，就很能让人进入梦幻般的境界（图 5-22）。

图 5-22　有动感的陈设

上述事例表明，某些静止的要素可以转化为运动的要素，某些本来只具静态美的要素也可以表现出动态美。

3）由具有联想作用的文字引发的动态美

一块《听涛阁》的牌匾，可以使人联想起波涛或松涛；一块《极目南天》的牌匾，可以把人的目光和思绪引向海角天涯。这些牌匾本身并无动势，其内容却极易激发人们的联想和想象，而这一过程也就成了人们对于动态美的欣赏过程。

4）由活动要素引发的动态美

创造具有动态美的动态空间自然不能忘却大量充满活力的自然物以及可以活动的人造物。前者，如鹦鹉、孔雀、锦鲤等动物和万紫千红的植物；后者，如喷泉、水池、瀑布等景观及闪烁的灯光等。

活动的要素，更易吸引人们的注意力，更能激发人们的活力，更有利于让人们释放压力，放松心情，享受欢快和愉悦。

5）人是动态空间中的不可或缺的要素

从审美角度看，人是审美的主体，但有时也是供他人欣赏的客体。没有人的空间环境，无所谓空间美，也无所谓静态美和动态美。

1990 年启用的东京市政府大楼，是由丹下健三设计的。建造之初，曾经引起不少质疑，焦点是工程庞大、过于奢侈。但该建筑中的"市民广场"却一直受到人们的肯定和赞誉。该"市民广场"是一个可以免费出入的休闲空间。在这里，人们可以参观各种展览，欣赏各种演出，举行各种集会，甚至还能透过玻璃与办公楼的内部相沟通。该广场交通方便，与人行道、电梯廊桥都有方便的联系。正是在这里，人可看景，人可看人，并进而欣赏空间的动态美。

为了叙述上的方便，我们分别介绍了几个不同的动态空间，但在实践中，创造动态空间的手法往往是同时运用的。美国建筑师约翰·波特曼，设计过众多高级酒店。这些酒店几乎都有中庭。在中庭中，广置水面，在池中设置休闲小岛，并广泛应用绿化、喷泉、舞台、亭廊、观光电梯、雕塑和其他小品。于是，这些中庭便全都成了静观动、动观静、动观动的动态空间，也成了人与人互动、人与景观互动的场所。

图 5-23 显示的是某大酒店的大堂，该大堂也是一个人景交融充满活力的动态空间。

图 5-23　具有活力的酒店大堂

（四）空间形态与空间美的演变

随着社会的发展和科技的进步，空间的形态、空间的组合方式以及空间美的特点，均已有了明显的变化。变化的基本趋势如下：

从空间形态看，复杂的和非几何形的空间日益增多。以往，建筑环境的平面多为方形、矩形、圆形及椭圆形；形体多为立方体、长方体及圆柱体，偶尔有一些球体及半球体，但数量不多。当今，情况已有很大不同：表现之一是出现了不少十分复杂的平面和形体。图 5-24 所示内景，就是一个多棱多面的形体。表现之二是出现了不少非几何形的自由平面和形体。参数化设计为这种平面和形体的出现在技术上提供了支持，扎哈·哈迪德设计的伦敦水上运动中心和广州歌剧院，无论是建筑形体，还是内部空间，就全是非几何形的自由体（图5-25、图 5-26）。

图 5-24 多棱多面的空间

图 5-25 伦敦水上运动中心的泳池

从组合方式看，有两种做法在增多。一种是用多个常见的正方体和长方体或不常见的棱柱体和棱锥体，相互"贯穿"，形成复杂的空间结构。另一种是采用阔大空间，再按使用要求，把它"分割"成众多的小空间。香港城市大学创意传媒大楼采用了第一种做法，即让几个特殊的晶状形体相互"贯穿"，使内部空间

69

图 5-26　广州歌剧院的过厅

成为多个棱柱体或棱锥体，相互咬合，难分难解，构成一个奇特的有机体（图 5-27）。第二种做法多见于航站楼、火车车站、商业中心和体育馆。这些建筑，大多都有一个阔大的壳体，内部的功能空间都是在这个阔大的空间中"分割"出来的。图 5-28 是一个航站楼的内景。不难看出，其中的登机手续办理区、安检区、候机区及餐饮、购物等区域，都是二次"分割"的产物。图 5-29 是一座商业中心的内景。内部空间的构成方法与航站楼大体相似。它也是一个阔大的空间，其中的购物、餐饮、娱乐、办公等区域，也是二次"分割"的产物。此类商业中心与航站楼一样，同样是一个庞大复杂的体系。应该强调，在这种空间体系中，除有大量功能场所外，还有诸多电梯、扶梯、廊桥等设备，绘画、雕塑等艺术品，以及山水、绿化等景物。因此，其审美价值，是其他类型的空间体系很难比拟的。

图 5-27　大楼内景

图 5-28　航站楼的内景

图 5-29　商业中心的内景

　　在上述两种做法中，第二种做法似乎更加贴近当代人的生活方式和审美倾向，因此，应用的前景必会更加广阔。

　　无论从使用角度看，还是从审美角度看，当代人们似乎更加倾向于大众性的和开放性的空间。正像瑞姆·库哈斯在普利兹克奖颁奖典礼上致辞时所说："一所房子可以被看成一个巨大的房子，一所房子可以被看成一个小型城市，一个城

71

市也可以被看成是一个巨大的房子。"这种"巨大的房子",使人在空间中的地位更加提高,它所呈现的不是僵硬的界面,而是人们轻松的、和谐的活动以及人与空间的互动:如图书馆里的人可以边喝咖啡、边上网、边看书,儿童们还可以在台阶上席地而坐,阅读自己喜欢的读物。

上述分析表明,空间形态、空间的组合方式以及空间美的特性,都不是一成不变的,必会随着科技的进步、生活方式和审美倾向的改变而改变。

三、装 饰 美

(一)装饰的发展

装饰,起源于巫术,最早的装饰为人体装饰,之后,渐渐出现在陶器等生活用具上。

建筑装饰应用较晚,但很快就成了人类应用最广、最多的装饰。

"建筑装饰"与"建筑装修"常被混用,其实,两者是有区别的。"建筑装饰"是附加在界面上的附属品,如墙上的挂画、挂毯,架上的雕塑、瓷器等,其初始目的是美化环境,增加环境的审美价值。"建筑装修"指界面的处理,如抹灰、油漆、裱糊等,其初始目的是保护界面,只是到后来才逐渐有了美化的意义。建筑装饰种类繁多,位于室内的,是内部环境的构成要素;位于室外的,是外部环境的构成要素。

建筑装饰的发展与社会生产力的发展水平有关,又与不同地域、不同国家的社会政治、思想文化、宗教信仰、审美倾向和材料、技术条件等有关。

手工业生产时期,建筑的主要材料是砖、瓦、灰、砂、石。这些材料适宜雕刻和绘画,于是,也就为从事雕塑、绘画的匠人们提供了充分展示他们技艺的机会。他们争当能工巧匠,善长精雕细刻,其中的一些人还成了成就极高的雕塑、绘画大师,并经由他们之手创作出一大批艺术价值极高的作品。

稍早一些的建筑装饰是雕塑与绘画,其题材多与宗教有关。西方教堂的雕塑与绘画多以《圣经》故事为题材;佛教庙宇的雕塑、绘画多以佛教故事为题材;伊斯兰教的清真寺则根据教义的要求,以植物纹样、几何纹样和阿拉伯文字等为素材。

在宫殿、陵墓、民居和园林中,装饰的形式更加多样,装饰的题材也更丰富。帝王的征战、狩猎、巡游和日常生活,神话传说和历史故事,民间风俗和节庆活动,花鸟鱼虫和珍禽异兽,名山大川和田园风光以及各种祥瑞的图案和文字都是装饰的内容。

在西方的建筑装饰中,古希腊的雕刻一直被奉为经典。雅典卫城的建筑群有大量浮雕和圆雕,它们遍布于柱廊、檐口与山花,其神态、比例、构图等至今仍为人们津津乐道,甚至作为创作的范本。

由于石材在受力方面,具有一定的局限性,古希腊建筑的内部空间相对局促,因此,内部装饰相对贫乏;时至古罗马、中世纪的哥特时期和文艺复兴时期,由于有了混凝土这种新材料和拱券、扶壁等新技术,建筑类型增多,建筑内部空间增大,建筑内部的圆雕、浮雕、壁画等装饰随之发展,并取得了更大的成就。

这一时期的建筑外环境也有较大的发展。建筑外环境中有圆雕等装饰，古罗马及其之后的许多广场，还出现了既有纪念意义又有标志意义的纪念雕塑、凯旋门、方尖碑和纪功柱。

这个时期的中国建筑，在装饰方面同样取得了蜚声中外的成就。

中国传统建筑的装饰与西方古典建筑的装饰存在明显的不同。

特点之一是尊重材性，装饰多与装修相结合。中国传统建筑以砖木为主材。木材质地偏软，触感亲切，但易燃易腐，故建筑的装饰方法除雕刻之外，主要是刷漆，并从而形成了油漆、彩画，出现了精美的柱面、梁枋、藻井与天花。这一特点，体现了功能、技术和审美的一致性。与此对照，目前那些用玻璃钢模拟西方古典柱式，用混凝土浇灌斗栱等做法，则是违背材性，不合逻辑的。

中国传统建筑装饰的特点之二是要素繁多。除常见的石雕、砖雕、木雕、灰塑、壁画、彩画外，还有许多外挂于界面或独立设置的挂画、楹联、牌匾、刻屏、挂毯等。它们结成一体，共同演绎着建筑的功能与性质，共同强化了建筑环境的艺术价值。

中国传统建筑装饰的特点之三是重视内涵。除宗教建筑的装饰必要采用贴近宗教教义的内容、宫殿建筑的装饰必然要采用渲染君权至上的内容外，其他建筑的装饰多用符合儒家思想的诗词、格言、图像以及寓意祥瑞、向往美好生活的纹样等。

西方古典建筑的装饰与中国传统建筑的装饰的不同之处是显而易见的。但由于它们同处工业革命之前，同是手工业时期的产物，因此又有如下一些相同点：重视装饰的地位与作用，崇尚精雕细刻的技能与技巧，并且都在装饰领域取得了极高的成就。

进入大工业生产时期后，情况发生了很大的变化。传统的装饰观念受到了工业革命潮流的挑战，传统的装饰方法也因新材料、新技术和新工艺的出现而面临着或被削弱或被摒弃的危险。现代主义建筑大师及其追随者明确地提出了"少就是多"、"装饰就是罪恶"的口号，平民百姓的审美趣味也随着工业革命的到来出现了微妙的变化。在大量使用钢材、混凝土、玻璃、塑料、合金的背景下，在机器可以代替手工并进行批量生产的背景下，人们对空间自身给了更大的关注。他们逐渐接受和喜欢干净、利落、简洁、明快的环境，对那些繁缛的、附加的装饰则逐渐失去了原有的兴趣。也正是在这种情况下，简约主义、极简主义相继出现，并得到了特定人群的肯定和赏识。

但事情并未到此为止，社会的进步，信息时代的到来，多种文化的交流和碰撞，正在改变并将继续改变人们的审美观念和审美趣味。

人类的审美观念和审美趣味既有传承性又有可变性。不同时代的人，会有不同的审美观念和审美趣味；同一时代的人，也会有不同的审美观念和审美趣味。如今的社会，是一个多元文化并存的社会，人们不可能具有相同的好恶。在如何看待装饰的问题上，在是否喜欢装饰和喜欢什么样的装饰等问题上必然存在不同的取向：喜欢古典者有之，喜欢现代者有之，喜欢简洁者有之，喜欢热闹者有之。在这种情况下，装饰的走向必然是多元化，而不是由一两种风格所统治。

（二）装饰的"功"与"过"

围绕建筑环境需不需要装饰这样一个问题，历史上曾经有过尖锐的论战。在斥责的言论中，最为激烈的言辞莫过于"装饰是罪恶"。此言来自奥地利建筑家阿道夫·路斯的著作《装饰与罪恶》，原话是："装饰是罪犯们做出来的；装饰严重地伤害了人的健康，伤害国家预算，伤害文化进步，因而产生了罪行……摆脱装饰的束缚是精神力量的标志。现代人在他认为合适的时候用古代的或异族的装饰。他们自己的创造性集中到别的事物上去。"[1]阿道夫·路斯的著作发表于1908 年，之后，便有人对其提出反驳，明确指出"装饰不是罪恶"，并以当时的照相机、汽车、皮包等外观千篇一律作为反面的例子。

关于装饰的论战一直延续到现代。盛行于 20 世纪的现代主义建筑崇尚功能和技术，主张造型的美只能体现在功能、材料和结构上。现代主义建筑大师们大多排斥"多余"的装饰，密斯·凡德罗就明确提出了"少就是多"的原则。有意思的是，反对"多余"装饰的现代主义，也被斥责为"罪恶"，理由是他们把建筑引向了千篇一律的"国际式"和"方盒子"。

20 世纪 60 年代，在美国和西欧出现了一个反对现代主义建筑的新思潮，即后现代主义。后现代主义有一系列观点和主张，耐人寻味的是，美国建筑师斯特恩明确表示，现后代主义建筑的特征之一就是"用装饰"。美国建筑师罗伯特·文丘里明确反对"少就是多"的说法，他说："多不等于少"，"少就是厌烦"。他进一步警告人们："简练不成反而简陋"，一味讲简练，只能出现"平淡的建筑"。[2]他明确赞同建筑装饰，认为建筑与一般房子的区别就在于建筑具有装饰性，他甚至像下定义一样地指出："建筑的意义就是带有装饰的房屋。"

历史的进程早已到达 21 世纪，在当代，似乎已经很少围绕装饰功过是非的论战。出现在我们眼前的建筑环境，既有简单纯净的，也有富于装饰的。这表明当代人对装饰的认识日益理性化，也表明人们的审美趣味更趋多样化和个性化。

人的审美趣味本来就是丰富多样的，正像有的少女喜欢浓妆艳抹，佩戴项链、耳环和手镯；有些少女则不愿施用粉脂，也很少佩戴"多余的"饰物。然而，从总体上看，从本质上看，爱打扮、爱装饰乃是人与生俱来的天性。还在旧石器时代，人类的祖先就已开始用砾石、贝壳、骨头等制作项链等饰物，并逐渐学会用颜料、羽毛、兽皮等装扮自己。由此可见，即使是最早的人类，也知道在生产物质财富的同时，生产精神财富。并在此过程中，深化了对于色彩、图案等造型因素的认识，增强了审美的意识和能力。这一切足以表明，问题的症结不在装饰本身，而在于人们如何恰当地运用装饰，即深刻认识装饰的意义，正确把握使用装饰的原则。

（三）装饰的意义

装饰是建筑环境的一部分，装饰美是建筑环境美的一种不可或缺的形态。

建筑环境的装饰，大致有以下几种意义：

第一，完善构图

一具雕塑、一幅挂画或一件工艺品，能使整个空间或某一界面的构图更加丰满、平衡与稳定。这些雕塑与绘画等，不一定具有什么具体的甚至深刻的内容，因为它们此时的作用可能已经被抽象为一个"点"，或一条"线"，其功效只表现在完善构图上。人们几乎都有这样的审美经验：某空间或界面可能显得空旷或局促，加一件或减一件东西就会疏密得当，这加上去或减下来的东西往往就是雕塑、绘画等装饰物。

第二，营造氛围

环境的氛围与空间形态、所用材料、所施颜色等都有一定的关系，但往往要借助装饰来烘托。寺庙、道观需要有神圣、神秘的气氛，旗帜、经幡、伞盖以及钟、鼓、木鱼、香炉、烛台等都能在形成所需气氛中发挥各自的作用。一个纪念馆可能需要展示某人的生平、某事的经过，与之相关的雕像、绘画、书法、照片等则会成为烘托所需气氛的不可缺少的装饰物。

第三，突出特点

建筑环境很需要体现出民族性和地域性，也需要体现出它在类型、功能等方面的特色。北京人民大会堂有各个省、市、自治区的议事厅，单靠空间形状、装修材料等是很难显示各有什么独特之处的，比较有效的方法就是借助反映各自历史和现代的巨幅照片、大型壁画、挂毯、刻屏以及民间工艺品等装饰物。

第四，画龙点睛

装饰可以"点题"，就是画龙点睛。中国传统建筑环境中的许多牌匾、对联、石刻等都有如此这般的作用。它们或位于门头、墙洞之上，或被置于厅堂的两旁，不仅能丰富景观，还能表达设计意图。即以高度概括、极为凝练的语言，突出环境的主题和立意。正像曹雪芹在《红楼梦》中借小说中的人物评价大观园时所说的那样："若干亭榭，无字标题，任是花柳山水，也断不能生色。"

中国传统建筑中的匾额与楹联，特别耐人寻味。如苏州拙政园的"与谁同坐轩"的匾额表达了"与谁同坐？清风、明月、我"的孤芳自赏的心态。镇江焦山别峰庵郑板桥读书处，系三间小屋。两侧之联为"室雅何须大，花香不在多"，抒发了郑板桥追求典雅、宁静的性格。

在当代建筑环境中，书法仍以多种形式被广泛应用。陕西省图书馆的中庭有六块硕大的石刻，分别刻着书法家书写的名人名言。如"为中华崛起而读书"、"书是人类进步的阶梯"等。这些石刻"画龙点睛"般地道出了场所的功能与性质，也成了环境中最为醒目的装饰（图5-30）。

图 5-30　中庭的石刻

第五，传达寓意

建筑环境中的装饰，往往能够直接传达设计者或欣赏者的向往、追求、意愿和意志。中国传统建筑中的装饰传达的寓意尤其广泛而深刻。

1．显示威力

春秋战国时期，处于奴隶社会阶段，阶级对立尖锐，人们迷信神鬼，占卜、祭祀活动盛行。此时流行的青铜器多用饕餮纹饰，象征的是威严的力量，表现出来的是狞厉美，寓含着敬天、敬神、弘扬国威、企求战争胜利等意义。

龙，具有多种动物的特征。以龙纹作装纹样，本有追求热闹的意思，但汉高祖自称龙子，从此，历代帝王皆称自己是真龙天子，龙也就成了皇家专用的图饰。它是皇权的象征，因而也有了极强的神圣感和威慑力。图 5-31 显示的是以龙为题材的藻井。

图 5-31　以龙为题材的藻井

2．祈求祥瑞

人有追求平安幸福、吉祥富贵的本性，因此，最喜欢运用象征手法，采用祥瑞的图案和纹饰，用以寄托美好的愿望。在建筑装饰中，"谐音"是人们最常使用的方法，如"鹿"与"禄"谐音，于是便用鹿作为装饰的素材，以表达企求财富的意愿；"蝙蝠"之"蝠"与"福"谐音，于是，便常用"蝙蝠"作为装饰的素材，以表达追求幸福的意愿。

3．昭示品格

中国传统建筑环境中，有许多装饰是用来昭示设计者特别是建筑环境的拥有者的品格的。最典型的也是最常见的装饰就是梅、兰、竹、菊、荷。《本草纲目》记载：荷（莲）"产于泥，而不为所染；居于水中，而不为所没"因此，人们就常用荷来昭示生于凡世而不为世俗所动的、洁身自好的品格。

图 5-32 是一个以荷花为题材的装饰物。图 5-33 以荷花为装饰题材的养生会所。

兰花是多年生草本植物，叶墨绿，花纯美，色淡雅，故人们常用兰花的形象

图 5-32　以荷花为题材的雕饰

图 5-33　以荷花作装饰的养生会所

代表高雅的品质。《孔子家语·在厄》称："兰生于深林，不以无人而不芳；君子修道立德，不谓穷困而改节"，则进一步把兰的象征意义提高到了修道立德的高度。

竹常被用来比喻刚直不阿的人品，白居易就曾对挚友元稹说："曾将秋竹竿，比君孤且直。"

4. 强调场所意义

所谓强调场所意义包括强调场所的功能与性质，也包括强调场所的等级。如以宗教题材为装饰内容，强调场所的宗教性质；通过彩画的类别，有无斗栱，区分中国传统建筑环境的等级等。

从以上分析可以看出，装饰是建筑环境不可缺少的部分，装饰美是建筑环境美的一种重要的表现形态。很多建筑环境中的装饰物，本身就是艺术品，它们与其他要素相结合，既能以自身的分力又能以整体的合力提高建筑环境的艺术价值，包括认识价值、审美价值和教育价值。它们不仅可以使建筑环境的形式变得丰满，并凸显特色，还能使建筑环境的内涵更加充实和深刻。

(四) 装饰的原则

1. 繁简得当

建筑环境装饰，有简洁、适度、繁缛之别。是简洁还是繁缛，固然与业主的财力相关联，但又与设计师和业主的审美趣味有联系。

简洁不等于简陋，正确的思路应该是因形就势，因材加工，结合结构上的需要，对构配件进行处理。按构图和功能需求适度点缀装饰物，而不是盲目地堆集。

所谓适度，就是恰到好处，能够取得多而不过、繁而不杂、艳而不俗的效果。

繁缛的装饰系指那种要素过多、主次不分、杂乱无序、疏密不当的装饰。这类装饰既见于传统建筑，也见于当今的建筑。北京紫禁城宁寿宫的内部用纵横隔断把本就不大的空间划分成迷宫一样的小空间，让人颇感拥挤；慈禧居住的乐寿堂充满了隔扇、博古架等家具，再加上各式珍珠、玛瑙和金银、玉石等制成的工艺品，同样拥挤不堪，除散发珠光宝气外，几乎没有美感可言。

2. 曲直相宜

过于直白的装饰，类似于口号和标语。这样的装饰必然导致审美过程简单化，很难激起欣赏者的情感反应。

过于隐晦的装饰，使人难解或根本不解其中的含意，同样无法引发联想和想象，自然也会令人无动于衷。

中国古代有很多既含蓄又为百姓所喜闻乐见的装饰，如象征"长寿"的"松鹤延年"和象征"多子"的"石榴百籽"等。它们曲直相宜，既为文人墨客所接受，更为平民百姓所喜爱。

3. 文质和谐

"文"指形式，"质"指内容，文质和谐即指形式要与内容相一致。

体现文质和谐的原则，首先，应让装饰紧扣主题，正确反映建筑环境的功能和性质，而不是与它们无干。由戴念慈设计的山东曲阜阙里宾舍，在入口处设置了一块牌匾，匾的内容是"有朋自远方来，不亦乐乎"。山东曲阜是孔子的故乡，位于曲阜的宾馆，以孔子的这句话作为入口牌匾的内容，可谓恰如其分。它不仅巧妙地表达了对于客人的欢迎之意，还体现了中国自古以来就是礼仪之邦这一更加深刻的主题。

体现文质和谐的原则，要保持装饰的健康性，保持装饰的高品位。要让装饰激发积极向上的进取精神，引导良好的审美风尚和审美趣味。

体现文质和谐的原则，还要使装饰与地域、民族和时代相贴切。卢斯关于"装饰是罪恶"的指责无疑是片面的和武断的，但他在谈及这个观点时所说的另一句话则值得人们很好地回味，那就是"现代人在他认为合适的时候用古代的或异族的装饰，把自己的创造性集中到别的事物上去。"在卢斯看来，现代人用古代的或异族的装饰是错误的。因为，盲目采用古代装饰是时间上的错位，盲目采用异族装饰是空间上的错位。

斗栱是中国传统建筑中最有特色的结构构件之一，也是中国传统建筑中一种极有特色的装饰，但它毕竟是木结构的产物。在采用钢筋混凝土和钢材的今天，用混凝土浇筑斗栱，按卢斯的说法，显然是"现代人"在采用"古代"的装饰。古希腊柱式是西方古典建筑中可称经典的部分，但在当代中国用玻璃钢仿制古希腊柱式，按卢斯的说法，就是既在采用"古代"的装饰，又在采用"异族"的装饰。

现代人不必一概反对古代的和异族的装饰，但绝不能盲目模仿，随意套用，否则，不仅会导致文质脱节，还会影响自己的创造性。

4. 统筹兼顾

建筑环境装饰手段丰富，装饰要素极多，设计师要善于统筹，把装饰要素整合起来，充分发挥整体的作用。广东等地的建筑装饰以"三雕一塑"而闻名。其中的"三雕"指砖雕、石雕和木雕，其中的"一塑"指泥塑。砖雕和石雕常用于墙壁和屋脊上。事实上，广东等地的建筑装饰远远不止这些，与之相配的还有大量红木家具、竹藤家具以及书画、盆景、骨雕、木雕和瓷器等。它们共同组成一个体系，使广东建筑环境显示出典雅、灵透、精巧的气息。

我国江南有一种说法，叫"无雕不成居，有刻斯为贵"，足以说明对于装饰的重视。但人们并不盲目使用装饰，更不滥用装饰。对他们来说，凡涉及家具陈设之事，总要先对建筑空间进行研究，再依其性质、大小、进深、用途等邀请文人画家参与设计，请技艺高超的匠人精心制作，并力求做到"几榻有度，器具有式，位置有定"，使家具、陈设与建筑相和谐。

总之，建筑环境是离不开装饰的，装饰是建筑环境的一部分。建筑环境的装饰美，是建筑环境形式美的一种特殊的表现形式，而优秀的装饰，又不止步于形式美，它还能通过美的形式，把建筑环境美提高到意境美甚至意蕴美等更高的层次。

关于装饰讨论，焦点不是用不用装饰，而是如何正确地使用装饰。

四 、 技 术 美

技术美是社会美的一种特殊形态，是具有理性内容的美。

79

技术美的形式要素体现在两个方面：一是物理形式，包括形状、质地等；二是感性形式，即审美主体感觉到的作为实用价值载体的感性形式。

技术美具有内容要素，在建筑环境中表现为建筑环境的作用和功效：其一，是技术功能，如承重结构的受力状况、围护结构的隔绝效能等；其二，是与人的匹配功能，如围护结构的防寒、隔热、隔音、防尘等效能是否能满人的要求等；其三，是环境体系的经济功能，如造价的多少，经济上是否具有合理性；其四，是环境体系的生态功能，包括是否符合节能减排的原则，是保护了还是破坏了原有的生态环境，在改善生态环境中是发挥了积极的作用，还是产生了消极的作用等。

技术美与艺术美有相同之处，如有形象性、情感性，但又与艺术美不完全相同。其主要不同点是：技术美具有功利性。即它的物质条件必须满足建筑环境的使用要求，而不能像艺术美那样超越功利。技术美具有实践性。即它要通过劳动实践构成既定的形式。因此，技术美总要打上生产方式和加工工艺的烙印。技术美还具有时代性，因为材料、工艺、结构、设备等都与时代的科技水平、生产力水平相联系。

总之，建筑环境的功能是创造技术美的前提条件，技术美表达的重点是建筑环境的内容。

技术包括材料、结构、工艺和设备，是营造建筑环境的物质条件。

时代不同，生产力发展水平不同，建筑环境中的技术因素给人的审美感受也不同。手工业时期，建筑环境所显示的美是手工技术与古典美学相结合之美，具有古朴的气息，带有较多的个人意志，存留大量的传统经验，富有较多的感情特征。大工业时期，建筑环境的营造以机器生产为基础，建筑环境美与标准化生产、批量生产相联系，具有技术理性特征。它所体现的是以机械生产为背景的和谐统一，有鲜明的集成性、跨学科性和时代性。

20 世纪以来，新材料、新结构、新设备和新手段不断涌现，为建筑环境的营造提供了丰富的、崭新的物质条件。与此同时，新技术也为建筑环境提供了新的艺术形象和新的美学特征。在这方面，建于 19 世纪的伦敦"水晶宫"可算是最为有力的证明。

19 世纪，英国急需在海德公园建造一座"世界博览会展览馆"。由于建筑规模大，而工期只有 9 个月，所有古典主义建筑的建筑师都表示无能为力，只有帕克斯顿挺身而出。他不拘古法，另辟蹊径，采用类似玻璃花房的结构形式，以铁为骨架，以玻璃为墙面和顶棚，按期完成了工程任务。这座被称为"水晶宫"的英国馆，轻盈透明，空间高敞，具有与古典主义建筑完全不同的形象，充分显示出一种前所未见的美学特征。铁和玻璃为人们带来与砖石完全不同的审美体验，庞大的体量和高敞的内部空间为人们带来与神庙、教堂不同的空间形式；整个结构则把人们与新的生产方式紧紧地联系起来。"水晶宫"所显示的美主要是"技术美"，它说明材料和结构经过设计师的加工、处理、整合，同自然、空间、装饰一样具有审美价值。

80 技术美主要来源于材料、结构、工艺和方法。

不同的材料具有不同的质地，能够引发不同的质感。广州歌剧院的前廊和大厅使用了不少清水混凝土，由于表面经过特殊处理，质感光滑而不冰冷（图5-34）。柯·布西耶设计的苏黎世艺术家工作室，于1996年建成，其中的展览空间由钢结构支撑，以玻璃和彩色搪瓷板覆面，色彩鲜艳，造型轻巧，充分显示了钢、玻璃和搪瓷板特有的艺术魅力。1966年落成的瑞士梅根天主教堂，采用钢骨架，在其间填充白色大理石薄片，内部没有一根立柱，空间十分开敞，外墙不设窗子，全靠厚度为2.8cm的大理石透光，内部光线均匀，如同殿堂，材料与光线的特性转化成宗教的力量（彩图12）。

图5-34　清水混凝土饰面

结构美也属技术美。科学技术的进步，成就了许多新型的建筑结构，如悬索、薄壳、网架、张拉膜等空间结构。它们为大跨、高层建筑提供了技术支撑，也为这些建筑带来了新的艺术魅力。这些结构大多被用于建筑主体，但在建筑内外环境中也得到了广泛地应用。意大利某公司是一家专门为木材加工部门提供电动工具的企业。其办公楼的门厅以木材为主要装修材料，其楼梯采用了悬吊式结构，整个门厅显得精巧别致，充分显示了以材料、结构和工艺为支撑的技术美，也突出地体现了这个企业的性质和功能（图5-35）。新的结构同样可以用于亭、廊等。图5-36是一些以张拉膜为顶的亭子。不难看出，它们的美的特性与传统的亭子是很不相同的。

新的设计方法也可引发建筑环境的技术美。大工业生产的特点之一是标准化，但标准化构件又容易导致审美疲劳，让面对那些千篇一律的造型的人们心生厌烦。在建筑环境设计中，有一种采用同一单元或几种为数不多的单元进行组合的方法，基本理念是保留单元的简单化（标准化），增强组合体的多样化。建成于1967年的荷兰青年活动中心就是用这种设计方法设计的。该中心位于海边，任务是接待青年团体和个人，内有聚会厅、报告厅、餐厅和宿舍等。活动中心的每个区域都是一个独立的几何体，下部为长方体，上部为四棱锥体，各几何体之间由一个独立的平顶的长方体相连，目的就是用尽可能少的基本单

图 5-35　某公司的门厅

图 5-36　张拉膜为顶的亭子

元，组合成各式各样的组合体。这种建筑环境的美表现为阶段性与可成长性的结合，因为它们既可按近期的需要组合为一个完整的组合体，又可根据发展需要不断扩大和组接。有人把这种设计方法称为"结构主义"，它秉承的是可以随时开始、随时终结和随时拓展的理念。在形式美方面遵循的是多样统一的原则。

注释：

［1］卢斯，《装饰与罪恶》，引自《设计艺术经典论著选读》，奚传绩编，东南大学出版社，2000年版，第167页。

［2］罗伯特·文丘里，《建筑的复杂性与矛盾性》，《建筑师》，第8期。

第六章 建筑环境美的层次

上一章着重介绍了建筑环境艺术美的表现形态，讨论的问题是作为审美客体的建筑环境可以从哪些方面表现出自身的美。本章将要重点讨论的问题是，作为审美主体的人能够从哪些层次上去感受建筑环境的艺术美。

建筑环境艺术美有三个不同的层次，即形式美、意境美和意蕴美。形式美是审美结构的浅表层次和基本层次，指的是那种由造型要素所表现出来的具有独立审美功能的美，即那种能够悦耳、悦目、引起感官愉悦的美。意境美是感觉、情感和想象的产物，是由建筑环境的形式导致的情景合一、神与物游的那种美。意蕴美是在意境美的基础上生发的，指的是能够触及人们心灵，能够引发人们关于人生、历史和宇宙的种种思考的那种美。意境美和意蕴美是审美结构中较深的层次，都以形式美这种浅表的层次为基础。

建筑环境种类繁多，功能性质很不一样，但它们都应该具备形式美，至于在多大程度上必须升华至意境美和意蕴美，则应视建筑环境的具体情况而定。

忽视形式美是不对的，但在许多情况下，又不能止步于形式美。过分强调形式，玩弄技巧，片面追求造型的所谓新、奇、特，会流入形式主义，更会导致建筑环境内涵的贫乏。正确的做法应该是，让美的形式富有丰富的内涵，并最终走向意境美和意蕴美。

一、形 式 美

从美学角度看，形式和形式美是一个相当重要但又相当模糊的问题，不同的美学家对形式和形式美会做出不同的解释。

按一般说法，形式美系指审美对象由形状、色彩、质地以及排列组合规律所显示的美，是审美对象的外在形态所表现出来的、能够被审美主体直接感知的、并能诱发生理—心理反应的那种美。

美国自然主义美学家乔治·桑塔耶纳曾十分明确地强调过形式美的重要性，他说："美学上最显著、最有特色的问题是形式美问题。"[1]

形式美具有独立的审美价值，即可以独立于形象的内容之外，以抽象的形式满足人的审美需求。当代的许多抽象绘画和抽象雕塑并不表达具体的内容，它们的美基本上就是形式美。

形式美主要表现在自然美和艺术美之中，其基本条件是，要素以及要素的排列组合必须符合形式美的基本法则，包括比例、对称、均衡、节奏与韵律等。音乐、诗歌等艺术，也讲节奏和韵律，其情形与绘画、雕塑等造型艺术大体相似。建筑环境艺术有造型艺术的属性，应该也必然体现形式美。但建筑环境艺术的形式美与音乐、诗歌的形式美不尽相同，与绘画、雕塑等造型艺术的形式美也不尽相同。因为，人们感知和欣赏音乐与诗歌主要靠听觉，感知和欣赏绘画与雕塑主要靠视觉，而感知和欣赏建筑环境可以同时调动视觉、听觉、嗅觉和触觉。

（一）形式美的产生

从根本上说，美并非自然物或社会现象的自然属性，而是在社会实践中生成的社会价值和社会属性。具体地说。美是以对象的形象所引发的情感为中介，在社会实践中生成的意识形态属性和价值，作为美的结构层次之一的形式美，同样如此。深入了解形式美应抓住以下三个问题：其一，形式美是在以生产劳动为中心的社会实践中产生的；其二，形式美以形象引发的情感为中介，故与情感有密切的联系；其三，具备形式美的自然物和艺术品应该符合形式美的基本原则，但形式美的基本原则不是一成不变的。下面，首先讨论形式美是怎样产生的。

马克思说："劳动创造了美"。说明形式美不是某个人的偶然发明与发现，而是人类在长期的以生产劳动为中心的社会实践中逐渐生成的。

人与动物的本质区别就是人能从事生产劳动。而这种生产劳动早在人类从事政治、科技、艺术、宗教等活动之前就开始了。这是因为在政治、科技等活动之前，他们必须首先通过生产劳动解决衣、食、住、行等问题。

首先，他们要制造工具，包括最初的打制石器和磨制石器。在这一过程中，他们会形成粗糙、光滑等概念。之后，还会在安装斧柄、刮制标枪的过程中，形成匀称、平直等概念。

其次，他们要制造生活用具，如盆盆罐罐等。在这一过程中，人们会形成造型、纹饰、色彩等概念。而这一切都将为形式美的产生打下必要的基础。

第三，除加工制造工具和器具外，早期的人类还开始用骨头、石子、贝壳等制造装饰品。这不仅会使人们产生关于大小、比例、形状和色彩的认识，还能增强人们有关排列组合的知识。

人类除在制造工具、器具和饰品的活动中认识和把握形式美之外，还会在接触自然的过程中进一步积累和强化关于形式美的认识和把握。原始人的生活用具大都来自自然界。他们用树枝作叉，以树的枝叶为衣，以葫芦作瓢，以藤萝等作为绑扎的材料。而这枝杈的角度、树叶的形状、葫芦的对称、藤萝的曲线等又能进一步强化他们对形式美的认识和把握。

人们的生产劳动是在一定的环境下进行的。在这里，他们几乎天天与山川、日月、花草、鸟兽打交道。他们通过看山，有了稳定的概念；接触蝴蝶、蜻蜓，有了对称的概念；看到石子投入水中所激起的波纹，有了韵律的概念。久而久之，便形成了关于形式美的基本原则。在他们看来，符合这些原则的即美，不符合这些原则的即丑。美者会使他们愉悦，丑者会使他们不快，至少会使他们觉得很别扭。

总之，形式美不是凭空出现的，而是在人的劳动实践中，在制造工具、用具和寻求装饰的过程中，在直接接触大自然的过程中，逐步积累而成的。

肯定形式美生成于以生产劳动为中心的社会实践，并不表明社会实践可以直接产生形式美。因为在生成和发展形式美这一创造性的过程中，少不了情感这一中介，只有具备了这个中介，才能使自然的形式生发成形式美，才能引发人的生理和心理上的反应。

（二）形式美的基本法则

审美对象的形、色、声等是构成形式美的自然要素，但要真正体现出形式美还必须使这些要素的排列组合符合形式美的基本原则，或称形式美的基本法则。形式美的基本法则包括比例、尺度、稳定、均衡、对比、微差、节奏、韵律、统一与变化等，现择其要者分述如下：

1. 比例

比例是事物的形式在度量上的组合关系。在建筑环境中主要表现为局部与局部、局部与整体、整体与更大环境间的数量关系。

古典美学十分看重比例的重要性，古希腊的毕达哥拉斯学派，早在公元前六世纪就强调说，美是数的和谐，也就是恰当的比例关系。他们明确提出所谓的黄金比，其比大约为 8∶5 或 1.618∶1。然而，这种极力推崇比例的主张也遭到强烈的批评和嘲讽。建筑评论家布鲁诺·赛维就尖锐地说："对于比例的狂热癖好是需要割除的另一个毒瘤"。他进一步强调，这是"对已有习惯的一种病态的渴望"，是"害怕自由，害怕发展，甚至害怕生活"的表现。[2]

那么，形式美到底需不需要比例呢？回答当然是肯定的，只是所需比例应是一种良好的度量关系，而不是一个僵硬的、让人套用的比值，如所谓的黄金比。

还是哈姆林说得贴切："取得良好的比例，是一桩费尽心机的事，却也是起码的要求。我们说比例的源泉是形状、结构、用途与和谐。从这一复杂的基本要求出发，要完成好的比例，不只是一个在创造体验中鉴别主次，并区别对待的能力问题，而且是一个煞费苦心进行一连串研究实验才能得到结果的问题。借助于处处进行不断调整的方法，直到最后一个优美而和谐的比例浮现在人们的眼前。"[3]

哈姆林的这段话，有几点是非常重要的，其一，比例是形式美最为"起码的要求"。这就是说，任何审美对象如能呈现出形式美，首先须有优美的比例。如古希腊的柱式所以美，首先就美在柱头、柱身、基座等具有优美的比例关系上。其二，获得良好的比例是一种"费尽心机"之事，需要仔细推敲和不断调整。

就建筑环境而言，良好的比例应体现在两个方面：一是要素自身要有良好的比例，如门、窗的高与宽要有良好的比例；二是要素与要素之间要有良好的比例，如门、窗的大小与所在墙面要有良好的比例。上述两种比例，与建筑环境的客观要求，如功能、材料、技术等有关，也与人的主观感受有关，如过于狭长的房间尽管可以使用，但往往会使人感到不舒服。除此之外，还与一定文化背景包括民族、种族、时代具有一定的关系，史上所称的"燕瘦环肥"就足以表明，不同时代的人可能偏爱不同的比例。

建筑环境要素繁多，关系复杂，设计者要善于从总体关系上去把握。如家具、陈设、工艺品和灯具等，不仅要看它们自身是否能呈现出形式美，更要看它们与所在空间是否具有良好的比例关系。

2. 尺度

尺度与比例是两个相互联系，但又有所区别的因素。尺度是度量的大小，比例是尺度之间的关系。

建筑环境中的尺度是形体中可以感知大小的尺寸。所以强调"可以感知"，是因为建筑环境要素如果过大或过小，人们将很难感知或根本无法感知，从而也就谈不上美与不美的问题。

建筑环境要素与整体的尺度与人的生理、心理密切相关，人的生理机能对某些要素的尺度可能具有决定的作用，如楼梯踏步的高度大约150mm，宽大约为300mm，就是以人的生理机能为依据而确定的。由此，人们常把建筑环境要素的尺度分为三大类，即自然的尺度、亲切的尺度和超人的尺度。

自然的尺度是一种自然而然存在的尺度，其特点是满足实用要求，与人的生理机能保持正常的关系。自然尺度带给人的审美感受是平静，甚至是平淡，因而与人的情感交流较少，置身于其中的人不会产生情感上的大起大落（图6-1）。

图 6-1　自然尺度的空间举例

亲切的尺度往往略小于自然尺度，在满足实用要求的同时能够给人以更多的亲切感。在这种建筑环境中，人与人的关系可以显得更加密切，人与环境的关系也较少距离感。这样的尺度，具有温馨、和谐的审美意义，许多古镇小巷、民居小院的尺度就是如此（图6-2）。

超人的尺度也称夸张的尺度，是一种有意采用的、远远大于自然尺度的奇特尺度。这种尺度，在人与环境的关系上突出表现人的渺小和空间的巨大，能够产生惊人的和奇特的审美效果，让人们在强烈的对比中，追求对于现实的超越，享受情感上的升华与满足。这种尺度常常被用于宫殿、教堂、宇宙等，主要出发点是表现帝王的权威、神的力量，激发人们的崇拜感。在当代建筑环境中，也有一些超人的尺度，如某些银行的大厅、某些酒店的大堂等。其主要出发点是炫耀财富，显示实力，用豪华气派的审美特性感染各自的顾客。夸张的尺度是一种特殊的审美因素，有深刻的内涵，有更多的情感，是一种重要的艺术创作手段，与片面求大、以大为美、大而不当的尺度是两回事。

图 6-2 亲切尺度的空间举例

3. 节奏

节奏是生命的形式，是生命活动的特征之一。

节奏是审美对象中的各种因素有规律地重复显现出来的一种特殊的运动形式。它有两个不可缺少的要素：一是时间的延续，二是强弱的变化。

宇宙中有节奏的现象极多，四季更替、月圆月缺、花开花落乃至脉搏跳动等就都带节奏性。因此，学者们常把形式美中的节奏与生命中的节奏看作"同构形式"，进而认为，节奏性所以能够给人美感关键就是它能使审美对象具有生命力。

艺术中的节奏来源于音乐，指的是声音变化的规律性，特别是强弱变化的规律性。建筑环境与音乐同为表现艺术，在艺术创作方面有许多相似的手段，如节奏、韵律、序列等。音乐中节拍的强弱可能出现"强—弱"、"强—弱—弱"、"强—弱—弱—强—弱"等规律性的重复；建筑中则可能出现"柱—窗"、"柱—窗—窗"等与其相似的重复。难怪有人说"建筑是凝固的音乐"，"音乐是流动的建筑"（图 6-3）。

4. 韵律

韵律来自音乐和诗歌。韵律与节奏有相通之处，内涵也有一些重叠，但从总体上看，韵律与节奏是两个概念，存在着一定的区别。节奏与韵律都存在对比和对立的因素，但节奏主要表现为这些因素有规律地交替出现；而韵律不仅表现为

图 6-3　富有节奏感的外墙与顶棚

交替出现的现象，还表现为展示发展变化的总趋势，如由强到弱或由弱到强，由小变大或由大变小，由疏到密或由密到疏等。这种变化可按算术级数增减，也可按几何级数增减。因此，韵律不仅与节奏一样，能够使审美主体在心理情感上产生有序的律动，还能使审美效果更加丰富。

建筑环境艺术中的韵律有重复的韵律、交错的韵律和渐变的韵律。重复的韵律与节奏相似。交错的韵律表现为要素按纵横交错的规律变动（图 6-4）。渐变的韵律表现为要素按级数增减（图 6-5）。

5. 对称与均衡

对称与均衡是两个可以分别纳入对方进行讨论的问题，也就是说，既可把对称作为均衡一种特殊形式来讨论，又可把均衡作为对称的一种属性来研究。

对称系指视觉中心两侧的形式因素彼此相同，即形状、大小、色彩等完全一样，如自然界中的蝴蝶、蜻蜓，人造物中的汽车、飞机乃至人类本身的外形等。

对称的造型和布局在建筑环境中比比皆是，北京故宫太和殿、天坛祈年殿、

图 6-4　交错韵律的实例

图 6-5　渐变韵律的实例

　　科隆大教堂及欧洲的许多古老花园等都是对称构图的典型。图 6-6 是某酒店通往大堂的走廊，由图可知，其构图是完全对称的。

　　对称的构图和布局可以产生庄严、肃穆、稳定、沉着、自持的静态美，具有明显的秩序性，故常被用于古代的宫殿、寺庙、陵墓以及现代的会堂、接待大厅

图 6-6　对称构图实例

中。这些建筑环境的造型是对称的、室内装修、家具布置往往也是对称的。

　　对称的构图和布局可以形成均衡的态势，不对称的构图和布局有时也可形成均衡的态势。两者的区别是前者追求视觉中心两侧的要素完全一样，后者则强调视觉中心两侧的视觉要素大致等量（图 6-7）。与对称的均衡相比，非对称的均衡

图 6-7　均衡构图实例

91

气氛相对活泼。

6. 对比

建筑环境中的对比系指要素在形状、大小、色彩、质地等方面呈现的反差。反差愈大，对比愈强，气氛愈活跃，给人的印象愈深刻，引起的情感反应也就愈强烈。

建筑环境中的对比，有以下几种：

1）形状对比

如圆形与方形的对比，球形与锥形的对比，几何形与非几何形的对比。

2）方向对比

如竖向与横向的对比，横向（或竖向）与斜向的对比等。方向对比大都出现在建筑体部组合、空间形态组合和界面的划分中。其结果可使高者显得更高、平者显得更平，让构图和布局显示出更大的冲击力。

3）体量对比

把体量相差很多的要素搭配组合或衔接在一起，可使人们在欣赏环境和转换位置中受到强烈的感染，引发情感的共鸣。欧洲的许多教堂，都有矮小的门廊。信徒由这一较小的空间突然转至高大宽阔的主厅，心情会为之一震，对上帝的崇拜感也会因此而升腾。中国古典园林中常用"先收后放"、"欲扬先抑"的手法组织相连空间，目的也是让人们在空间转换中得到惊喜和感动。

4）色彩对比

即将对比色或对比度较大的色彩相邻或相近配置，让环境气氛热烈、活跃，让人们产生深刻的印象。通常说的"万绿丛中一点红"，就是在显示绿色与红色的对比。

5）质地对比

不同的材料质地是不同的，有的柔软，有的坚硬；有的光洁，有的粗糙。如能合理配置，也能给建筑环境增添特殊的魅力（图6-8）。

6）空实对比

也称虚实对比。玻璃窗、幕墙、柱廊等明亮空透，常被称为虚面；实墙等常被称为实面。恰当地把虚面和实面组合在一起，能使虚者更虚，实者更实，进而给人留下难忘的印象（图6-9）。

7. 统一与变化

统一是强调造型因素的协调，变化是强调造型因素的对比，统一与变化的原则是变化之中有统一，统一之中有变化。

统一与变化的法则是形式美的法则核心，因为所有其他法则都必须围绕这一核心运转，服务和服从于这一根本的法则。建筑环境要有秩序感，也就是不能过于杂乱。而要做到这一点，就必须使要素本身和要素与要素的组合，符合比例、尺度、节奏、韵律等要求。然而，过分强调程序感又可能使环境单调和刻板。因此，必须在强调统一的同时充分考到变化，使环境既有秩序又丰富多样，并具有趣味性。

92 统一与变化是一对矛盾，在建筑环境设计中，究竟在多大程度上强调统一，

图 6-8　材质对比的实例

图 6-9　空实对比的实例

在多大程度上强调变化，应视建筑环境的功能和性质而定。严肃庄重的环境宜适当强调统一，自由活泼的环境宜适当强调变化。所谓"适当"，就是要把握好"度"，不走极端，不陷于片面。

93

（三）形式美的基本法则的变异

形式美的基本法则是在以生产劳动为中心的社会实践中生成的。随着社会的发展和科学技术的进步，人类的社会实践会不断丰富。因此，必然会在新的社会实践中形成一些新的形式美的法则。也就是说，已有的形式美的法则不可能是一成不变的。

不断丰富的社会实践从两个方面促进传统形式美的原则的变异：一是新技术不断出现，使建筑环境的造型不断更新，甚至表现为新、奇、特；二是逐步改变人们的审美倾向和审美趣味，使人们愿意寻找新的造型，并对其采取欣赏的态度。

传统的形式美的法则侧重追求和谐美、稳定美和静态美。这种审美倾向突出地表现于中国传统建筑和西方古典建筑，手工劳动是这种审美倾向的技术背景。历史发展到今天，手工劳动正在被机器生产所代替，手工绘图正在被计算机设计所代替，木、砖、石等材料正在被钢、钢筋混凝土等材料所代替。在这种情况下，非几何体的、上大下小的、斜斜歪歪的、从未见过的造型纷纷亮相，先是让人瞠目结舌，随之让人见怪不怪，一些人甚至逐渐接受了这些东西，由此也就逐渐地改变了原有的审美观念。

实践表明，文明越是进步，社会越是发展，人们精神上的需求就越是走向多样化。单就形式美的法则而言，就可能突破整齐、有秩、均衡、对称的局限，走向杂乱、变形和无序的状态。进而也会由精致走各朴拙，由雕琢走向自然。对于这种情形，人们无须大惊小怪，因为这是人们情感走向丰富、审美趣味走向多元的表现。

人有求新之心，技术又为这种求新提供了物质保障。于是，与传统形式美的法则相悖的一些新形式就会相继出现，如翻转、断裂、残破、非对称等，下面结合实例作以简要介绍。

1. 翻转

位于德国杰托夫市场动物园的上下颠倒的倒立屋，是由一位名叫杰哈德·莫德斯德的木匠和他的朋友设计建造的，内有起居室、卧室、厨房和浴室。室内的50多件家具都被吊在"屋顶上"。佛罗里达州的主题公园也有一座倒立屋，外观很像上下颠倒的白宫，内有近百个供人体验的项目，包括体验飓风和地震等。上下颠倒的做法也被用于室内，彩图12是一个颠倒了门窗和柱廊的商店。图6-10是一个翻转的建筑。

2. 断裂

所谓断裂，就是将完整的构配件如梁、柱、拱券等做成断裂状，让钢筋等裸露出来。

3. 残破

残破的手法多用于构配件的界面和装修。如把墙的一部分故意做成被毁或缺砖少浆的样子，把顶棚的一部分故意做成坍塌掉灰的样子（图6-11）。近年来，改造和利用旧建筑的风气很盛。为了显示原有建筑的悠久历史和不凡经历，改造时往往部分保留墙、柱、梁的原貌，不粉刷，不油漆，甚至连其上的疤痕、裂缝也不修补。这种建筑环境可以更好地显示粗犷、古朴、自然等审美特性，同时也可反衬室内办公家具、电器设备的现代性。

图 6-10　翻转式构图举例

图 6-11　残缺式构图举例

4. 非对称

翻转、断裂、残缺等手法都与传统形式美法则相悖，但从目前情况看，还没有上升到"法则"的高度。这是因为，在一般情况下，建筑环境总是从正面反映社会生活，而很少从反面反映社会生活。因此，不会大量出现怪诞、滑稽的形象，翻转、断裂、残缺等手法也就很难得到广泛的应用。与这些手法不同的是"非对称"，它早已被提高到"法则"的高度，并一直与"对称"法则对峙和并存。

"对称"是西方古典建筑、西方古典园林、中国传统建筑中最为常见的态势，它是形成稳定美、静态美的重要基础，是传统形式美的法则中一条带有根本性的法则。但到19世纪，情况却发生了很大的变化。19世纪的工业革命，强化了生产关系与上层建筑的对立与冲突，并进而冲击了西方传统文明的整体性与稳定性。社会生活不断动荡，人与社会的关系日益紧张。以此为背景，"非对称"成了现代艺术的重要语言，非对称的形态也随之在建筑环境中屡屡出现，并与传统的对称形态相抗衡。

作为一种艺术语言，非对称发端于荷兰的风格派。风格派的代表人物和创始人之一为蒙德里安。风格派的语言建立在超越个人的主观想象和对自然形象进行模仿的基础上。它们拒绝历史符号和自然形象的再现，崇尚新的具有普遍意义的形式。蒙德里安的抽象画《红黄蓝构图》以几种原色和几何图形为素材，形成纯粹抽象的画面，是非对称构图的典型代表。从根本上说，是当时的社会现实在艺术领域的反映（彩图13）。

当代建筑环境中非对称构图极多，这种构图不但容易满足功能要求，也极大地增加了建筑环境美的丰富性。

"非对称"和"翻转"、"断裂"等，都是对传统形式的法则的反叛，但两者情况并不相同。具有"法则"性质的"非对称"，适用范围广阔。具有"手法"性质的"翻转"、"断裂"、"残缺"等则不可滥用，它们大体适用于一些娱乐场所和商业场所，主要用意是创造表情怪诞和滑稽的形象，形成欢快甚至富有戏剧性的氛围。

二、意境美和意蕴美

形式美是艺术美的浅表层次或初级层次，表现的是造型因素自身的审美价值，但它往往止步于"悦目"、"悦耳"，还没有达到"赏心"的地步。

意境美和意蕴美是艺术美中较高的层次，它不仅悦目而且赏心，甚至能够给人带来涉及人生、历史、宇宙方面的启迪。

（一）意境美

1. 意境美的含义

意境美是指艺术中那种情景交融、虚实统一、物我贯通的境界。它能够深刻表现人生真谛和宇宙生机，使人超越具体的感性认识，进入更加广阔的审美领域。

意境中的"意"，偏重于主体的情感感觉，包括意志、意愿、理想、信念等。

按《说文解字》，"意"，"志也"，"从心"，"察言而知意也"，可指艺术家的情感、心意，也可指艺术品的思想内涵。意境中的"境"，是一种可感的存在，偏重于客体的形态，如自然环境、场所、场景等。

审美意境中的境与现实生活呈现不即不离、若即若离的状态。它不是自然物和生活场景的直接呈现，也不是脱离现实生活的存在。所谓"不离"，就是说它与现实生活中的感性存在密切相关，因而能够唤起人们的相关经验，让人们在回味之中获得愉悦。所谓"不即"，是因为审美意境中的"境"已被加工和改造，在现实生活中是难以感受得到的。

人有许多内在的要求和欲望，其中的一些要求和欲望在现实生活中很难被满足。这是因为，可感的现实世界有诸多缺陷和局限性。而艺术家们却可以通过艺术手段，有效地提升可感现实世界的价值，使之成为具有人性意义的存在，进而使现实的外在与审美主体高度融合，达到"神与物游"、"物我合一"的目的。所谓意境就是这种"神与物游"、"物我合一"的状态。中国古典园林中多取"一峰则太华千寻，一勺则江湖万顷"的意境，目的就是让审美主体在无法真实地体验高山大海的情况下，从拳石、勺水中得到享受山水风光的满足和愉悦。就像李泽厚所说："由于我们日常生活的经验总是有限的、短暂的、甚至残缺的，它们局限在一定时空范围内。于是人们便更希望从艺术的幻想世界中去得到想象的满足。"[4]

中国人为什么喜欢盆景？因为树桩盆景中的主体茎干粗壮，枝细叶小，盘根错节，形态苍劲，能使被局限于"斗室"之人获得领略大自然中的苍松古柏之趣；山水盆景险峻雄奇，或一峰突起，或数峰呼应，能使足不出户之人获得身居群山峻岭之中的满足。

意境美的产生需要借助想象来完成。盆景的意境美源于象征，山水画的意境源于象征，建筑环境艺术的意境也要借助象征。因为只有建筑环境要素或环境整体具有象征性，才能让人"触景生情"，实现"物我贯通"，使环境要素或环境整体满足人们在现实生活中难以得到满足的精神需求。

广州白天鹅宾馆是我国改革开放初期建成的五星级宾馆，当时，以接待海外华侨和港澳台同胞为主要任务。设计者在高大的中庭中设计了具有岭南园林特色的主景，包括假山、瀑布、金瓦亭、崖刻、水池、板桥等，并在假山上雕刻了"故乡水"三个大字。这命名为"故乡水"的主景，是宾馆中体量最大、人气最旺的景点，更重要的是它以热爱祖国、心系故土、眷恋家乡为主题，充分体现了空间环境的意境美（图6-12）。

李白有一首《渡荆门送别》："渡远荆门外，来从楚国游。山随平野尽，江入大荒流。月下飞天镜，云生结海楼。仍怜故乡水，万里送行舟。"该诗是李白出蜀时所作，他乘船经巴渝，出三峡，直向楚蜀之咽喉之地荆门而去，目的地是湖南、湖北一带的楚国。李白一直生活在蜀国，此时年方二十五岁，在离开家乡的此时此刻，他不能不对养育他的故乡产生无限的留恋。在诗中他以浓重的惜别之情作结尾，说"故乡水"一路伴他而行，充分展现了对家乡依依不舍的心情。白天鹅宾馆中庭景观以"故乡水"为主景，必然会使长期

图 6-12　广州白天鹅宾馆中庭的"故乡水"

　　身居海外的游子们触景生情，使他们心中那种爱国思乡之情顿时得到释放，在心灵上获得极大的满足。从审美角度看，这种满足就是建筑环境具有意境美的的明证。

　　创造具有意境美的建筑环境，要从意境美的特点出发做好以下几点：

　　首先，要恰当地选择物象系统，使物象与要表达的意境相一致。白天鹅宾馆中庭可以形成多种景观，如用广式家具、广式雕塑、陶瓷、刺绣等突出地方特色；用鲜花、绸带、宫灯等营造张灯结彩，表示欢迎的气氛。但从契合宾馆的功能和主题看，诸如此类的做法远不如"故乡水"更加贴切，也远不如"故乡水"更加深刻。

　　其次，必须有鲜明的情感特征。物象系统要激发人们的联想和想象，激发人们的情感过程和意志过程。在现实的建筑环境设计中，常常见到一些或者不言自明、或者莫明其妙的象征手法，这些手法都很难促使审美意境的生成。

　　最后，必须重视物象与人的融合。意境不是要脱离现实而追求所谓的理想，也不是要脱离个体情感而去追求普遍的理性。它要紧紧抓住物象系统与人之间的交融，实现对于现实的超越，达到"物我合一"，"情景交融"的境地。

　　中国古典园林从表面上看是自然山水和田园式园林，但它不是对自然山水和田园的简单再现，而是在自然山水和田园的基础上，进行选择、概括和重构，使之更具典型性。这里的选择、概括与重构，不是按着理念去改造，而是强调主体与客体的情感契合与沟通，以期达到情景交融的境界。

　　中国古典园林的这种审美特性，渊源久远。早在魏晋南北朝时期，士大夫阶层为逃避政治就有了遨游于山水、寄情于山水的习惯。在此之后，中国园林进一步受到绘画、诗歌的影响，更加注重关于意境的追求。我国江南的私家园林，在造景过程中，追求"曲径通幽"、"藏而不露"、"峰回路转"、"小中见大"、"咫尺千里"、"移天缩地"的效果，想要体现的就是一种富有诗情画意的、"神与物游"、"物我合一"的意境。正如著名学者王国维所说"境非独景物也，喜怒哀乐亦人心中之一境界，故能写真景物、真感情者谓之有境界，否则谓之无境界。"[5]

2. 意境与意象

讨论意境，不能不讨论意象，因为意象是生成意境的基础。

意象是客体的表象与主体的感知、思想、意念融为一体之后，在人的头脑中形成的新形象。它渗透着主体的审美评价、情感态度与审美理想，不再是客体本来的物象。明末清初的思想家王夫之在《尚书正义·毕命》中说："视之则形也，察之则象也。"这里的所谓"形"是视之而得的状貌，具有空间性、客观性和静止性；这里的所谓"象"是经过头脑加工的新形象，具有主观性、空灵性和思想性，大体上就相当于今日美学中所说的意象。

意象有情景合一的意义，意境则是更大范围的情景合一，如"天人合一"。意境具有整体性，是众多意象有机统一而产生的一种全新的、综合性的艺术境界。以元代杂剧家、散曲家马致远词《天净沙·秋思》为例："枯藤老树昏鸦，小桥流水人家，古道西风瘦马，夕阳西下，断肠人在天涯。"该词中有许多并置的意象，如枯藤、昏鸦、西风、瘦马等，但它们却有同一的性质，即表达的都是枯败、沉寂、萎缩、饥寒、破落的状态。这种众多意象的整体表达就会生成所谓的意境。

意象是艺术的本体，创造意象是艺术创作的核心。艺术家在艺术创作中，首先要创造的是意象，之后才是把意象提高到意境的层面。

在建筑环境艺术设计过程中，设计师在面临诸多意象的情况下，要着力选择那些能够生发意境的意象，只有如此才能使建筑环境体现出意境美。某高校由原址迁入新址，如何使广大师生，特别是在原址读过书并已毕业的校友对新校址抱有认同感，是摆在设计师面前的课题之一。为此，新校区的规划设计者把旧校区的四个门柱迁至新校区，组成"雕塑"，并置于新校区的入口处。这"雕塑"是经过选择的新物象，是设计师创造的意象。它能把新旧校址联系在一起，让师生们在触景生情的过程中，生发关于学校发展史和个人成长史等种种思考。这座"雕塑"也就因此而成了校园中具有意境美的环境要素。

建筑环境中存在多种要素，为使一个区域或整个环境具有意境美，还要对意象系统进行必要的整合。要强化各种意象的共同指向，集中体现环境的主题。某高校在建校期间曾有大批师生参加过义务劳动。为反映这一历史过程，鼓励师生继续发扬艰苦奋斗的精神，设计师在俱乐部专门辟出一面实墙，展示了师生在劳动过程中用过的工具和用具，如安全帽、保险绳、铁锹、镐头和钻头等。这些工具和用具被整合在一幅以师生劳动为题材的巨幅照片上，成了俱乐部的景点和焦点，也使俱乐部的装饰有了较深的意境。在这里，人们似乎可以看到师生们挥汗如雨的劳动场面，似乎可以看到一张张奋发向上的面孔。

3. 意境的特征

通过以上分析可以看出，意境有三个明显的特征：一是"情景交融"，二是"境生象外"，三是"虚实相生"。

情景交融即景中有情、情中有景、物我两忘。最终的目的是"物我合一"、"神与物游"。

"境生象外"，系指境的意义来自于具体形象之外，比具体形象的内涵深刻而丰富，是一种充满意义的"中间性形象"。清代著名画家郑板桥谈画竹时说，他所画的是"胸中之竹"，而非"眼中之竹"，这"胸中之竹"就是构成意境的意象。上述两例中提到的"雕塑"和劳动工具与用具也是构成意境的意象。

所谓虚实相生，是说象内之境为实境，象外之境为虚境，表现在创造过程中，就是要实现实虚统一，形神统一。

清代文学家沈复在《浮生六记》中说过这样一段话："若夫园亭楼阁，套石回廊，垒石成山，栽花取势，又在大中见小，小中见大，虚中有实，实中有虚，或藏或露，或浅或深，不仅在周回曲折四字，又不在地广石多徒烦工费。或掘地堆土成山，间以块石，杂以花草，篱用梅编，墙以藤引，则无山成山矣。大中见小者，散漫处植易长之竹，编易茂之梅以屏之。小中见大者，窄院之墙宜凹凸其形，饰以绿色，引以藤蔓，嵌大石，凿字作碑记形，推窗如临石壁，便觉峻峭无穷。虚中有实者，或山穷水尽处，一折而豁然开朗。或轩阁设门处，一开而可通别院。实中有虚者，开门于不通之院，映以竹石，如有实地也；设矮栏于墙头，如上有月台，而实虚也。"这段话生动地道出了大中见小、小中见大、虚中有实、实中有虚的造园理念和技巧，也可以作为"虚实相生"这一意境特征的最好注解。

（二）意蕴美

意境是中国美学中一个具有民族特色的范畴，被广泛运用于绘画、雕塑、诗歌、戏曲与园林之中，在艺术创作和艺术欣赏中被看作是衡量艺术水准高下的重要标准。

意蕴也是审美主体在审美体验中生发的情态。从这个意义上说，意蕴美与意境美并无十分明显的界限。如果两相比照，意境美的文化深度较浅，意蕴美的文化深度较深，因而能够带给审美主体更加深刻的体验和感悟，并把这种体验和感悟指向人生意识、历史意识和宇宙意识。由此可知，意蕴美乃是艺术品中能够让人们超越具体的有限物象、事件、场景，进入无限的空间和时间，进而引导人们对人生、历史、宇宙获得哲理性感受和领悟那种美。

日本龙安寺石庭，以白沙、黑石为材料，在耙过的白沙上，布置了15块黑色的岩石。关于这一景观的含义，人们的理解很不一致：有人说这是老龙及其子女在激流中翻腾戏耍，有人说这些岩石实为罗汉，有人说这是再现一海三山的仙居环境。但不论是谁，都认为这里呈现的是一种沉静、平和、安详、神圣的氛围。在这里，人们的心灵可以受到洗涤，并进而能够感悟人生的短暂和宇宙的永恒。

南京大屠杀纪念馆的广场以黑色砾石铺地，以砾石、枯树、雕塑等为组景元素，呈现出枯、死、残寂的氛围。能诱发人们关于善恶、生死的思考，也是具有意蕴美的实例。

在我国城镇化进程中，有许多破旧的城中村和棚户区被改造为新住区。王澍设计的宁波博物馆，以拆迁后废弃的砖瓦为材料，使略显粗糙而又质朴的建筑环境成了今昔的见证。人们置身于馆内、馆外，可以触景生情，生发多种感悟。诸如此类的建筑环境，具有历史意义，因而也就具有了意蕴美。

注释：

［1］桑塔耶纳，《美感》，中国科学出版社，1982年版，第55页。

［2］引自《现代建筑语言（上）》，《建筑师》，第11期。

［3］《建筑形式美的原则》，中国建筑工业出版社，1982年版，第73页。

［4］李泽厚，《李泽厚十年集》，安徽文艺出版社，1994年版，第555页。

［5］王国维，《人间词话》，见《中国古代文学作品选》，下卷，上海古籍出版社，1978年版，第320页。

第七章　建筑环境艺术的语言与表达

好比说话，首先要有词汇，这是构成语言的基本要素。如果没有足够数量的词汇，语言就会枯燥无味，甚至难于表达语义。其二，要有语法，语法为把语汇组织成语言提供规则，没有通用的语法，语言就难于为别人所听懂。其三，要有正确的表达方式。相同或相近的意思，可能有不同的表达方式，如有的直白，有的含蓄等。只有采用正确的表达方式，语言所要表达的意义才能易于被人接受和理解，才能产生良好的效果。

艺术要与人们对话，这是艺术的生命力之所在。不同的艺术各有自己的语言。绘画的语言要素是点、线、面、体和色等。任何绘画的语言表达都是在这些语言要素的基础上完成和演化的。绘画的语言手段在西方油画中为明暗、透视、构图等，在中国水墨画中为笔墨、皴法等。所谓手段，大体上相当于语言的规则。

艺术的表情达意离不开艺术语言，深刻了解和理解艺术语言，对包括建筑环境设计在内的艺术创作，具有重要的意义。

语言是一种社会现象，是人类在长期的社会实践中不断积累和形成的。没有社会实践就没有语言。

人类所以需要语言，是为了彼此交流和交往。因此，语言的表达绝非个人行为，而是一种集体制度。不仅涉及语言要素，更要有一套规则，用来控制语言的结构。

关于语言的功能，学界有多种说法，主要集中在言说、引发和表达等方面。言说即叙述，引发有唤起的意思，表达则有揭示深层内涵的意义。

艺术的基本特征是通过特定的形象表达主题和情感，给人以感染，并满足人们的审美要求。由于艺术的功能与言说的功能有相似之处，因此，长期以来，有不少学者喜欢把艺术语言与言说语言相类比，并希望借此深刻揭示艺术语言的功能、结构与特性。

言说语言的结构模式是语音—语法—语义。艺术语言的结构与言说语言的结构大体相似。但由于艺术门类极多，语言结构并不完全相同。因此，在研究中，不宜把艺术语言的结构与言说语言的结构一一对号，以避免出现削足适履的弊病。

一、建筑环境艺术的语言要素

建筑环境艺术的语言要素有两大类：一为符号类要素，二为实体类要素。

（一）符号类的语言要素

建筑环境中的任何一个物质要素都可以或多或少地体现建筑环境的社会、历史、文化和审美意义，但它们又可以被抽象成一种符号，一种图形，成为总体构图的一部分。一棵树、一块石、一盏灯可以被抽象为一个"点"，一行树、一排灯可以被抽象为一条线，一块草坪、一块墙面可以被抽象为一个面……这些"点"、"线"、"面"等，就是被抽象了的、用于构图方面的符号类语言要素。

1. 点

几何学意义上的点，只有位置，没有大小。构图上的点则与此不同，某些点如一个长方体空间的几个角，确实只有位置而难说大小，但许多物质要素，如一棵大树、一块孤石、一座雕塑、一幅挂画、一盏吊灯，甚至一个亭子、一个标语塔，不但有明确的位置，更有大小、形状、色彩和质地。

从构图上看，要讲究单点自身的大小、形状、色彩，以及各点之间的距离、疏密、主次和动态；还要讲究这个点与其他要素的关系，特别是与其背景的关系。

大堂中的吊灯、草坪上的峰石、水面上的亭子，都会呈现"底与图"的关系。在设计和配置中，不能只看吊灯、峰石和亭子的审美效果，还要审视它们与大堂、草坪和水面相配时是否具有良好的审美效果。

单点是独立的存在，是最为简洁的形态，它可以充当造型的中心，可以成为视觉的中心，还可以在整个构图中起着稳定全局的作用（图7-1）。

图 7-1　单点式景点

点的动感来自两个方面：一方面是排列为线，呈等距排列时有匀速运动的意义；按级数排列时，有渐变运动的意义；排列成波浪状时，有起伏运动的意义。另一方面是来自与背景的关系，如水面上的步石，不论排列为何种形状，总能使人产生踏石过水的联想，并由此强化了步石的动势（图7-2、图7-3）。

图 7-2　多点呈线的实例之一（直线式石步）

图 7-3　多点呈线的实例之二（曲线式步石）

多点散置，可疏可密。可规则分布，也可随意"抛撒"。其审美效果会因疏密程度、距离远近、体量大小、色彩配置而大不相同（图7-4、图7-5）。

2. 线

几何意义上的"线"没有粗细，只有长短；美学意义上的线除了长短以外，还有粗细、方向、色彩与质地。溪水、绿篱、栏杆、行道树等都属于构图中的线。

图 7-4　多点散置的实例之一

图 7-5　多点散置的实例之二

　　建筑环境中的线是一种相当活跃的因素，它可以围合成面，也可表现为体的棱；成束排列或纵横交错时，具有更强的表现力。水平线有沿水平方向伸延的动势，但给人的基本印象是平静和松弛。垂直线有沿垂直方向延伸的动势，相对水平线而言，动势更为显著。斜线有力并有很强的导向性。曲线动感较强，并具有活跃优雅的特性。一般地说，直线具有刚劲、挺拔的特点，能较多地体现阳刚美；曲线柔和多姿，能较多地体现阴柔美（图 7-6、图 7-7）。

　　如果把线与点作一个比较，点的个性是偏于静止；线的个性则偏于运动。

3. 面

　　广场、草坪、水面和建筑空间的界面，都可视为"面"。它们以形状取胜，故人们对面的关注主要是集中在面的大小和形状上。面常常成为点和线的背景，构成"底与图"的关系。一面墙上挂几幅挂画，挂画为图，墙则为底，两者便构成了一种互相联系的底图关系。面有平面、曲面之分，不同的面有不同的表情（图 7-8、图 7-9）。

105

图 7-6　灵活多变的线型之一

图 7-7　灵活多变的线型之二

4. 体

体涉及大小、形状和比例，当然也涉及色彩和质地。体有两种表现形态：一种是实体，如亭子、塔和钟楼等；另一种是虚体，表现为建筑的内部空间的形状，如一间长方体的教室，一个半球形的剧场等。确定体的大小与形状等，自然要考虑自身的需要，但也要考虑与周围环境的关系。埃及金字塔所以能够充分体现法老的权势与威严，产生强大的震撼力，固然与自身的庞大体量有关，但也与它所处的环境有关。正是那一望无边的沙漠，突出了金字塔的地位，强化了金字塔粗犷、豪放的性格。

有些内环境，使用体积感极强的空间、构配件和设备，也能收到独特的效果（图 7-10、图 7-11）。

5. 色彩

色彩是付诸视觉最为敏锐的造型要素，关于色彩的物理作用、心理作用、象征作用和配置原则等已有众多研究成果。

图 7-8　平面为主的空间举例

图 7-9　曲面为主的空间举例

107

图 7-10　体积感强烈的实例之一

图 7-11　体积感强烈的实例之二

色彩作为建筑环境艺术的重要语言要素，主要是能够体现建筑环境的氛围，强化建筑环境的象征意义，并影响审美主体的心理。色彩的心理作用和象征意义只有大致的规定，具有约定俗成的特点。实际上，对不同信仰、不同民族、不同国家的不同人群来说，色彩的心理作用和象征意义往往是不同的。例如，中国封建社会的帝王，一直以黄色为美、为尊，甚至把黄色看作帝王的专用色，而其他国家则并非如此。

6. 质地

质地也被称肌理，常与质感相混淆。其实，质地与质感是两个不同的概念：质地系指材料或制品表面所呈现的样态，如结构的疏密、表面的粗细与加工的纹理等；而质感系指材料或制品能够被人感知的属性，如坚、柔、冷、暖、燥、润等。

质地不同，质感也不同。不同的质地可以产生不同的外在形式，也可以体现一定的思想内容。仍以埃及金字塔为例，它所以具有强大的震撼力，即与粗犷的质地有关系。近年来，继卢浮宫玻璃金字塔之后，连续出现了不少玻璃金字塔。它们大小不一，但都没有埃及金字塔那样的震撼力，原因之一就是玻璃的质地光滑细腻，能大大减轻重量感，传达的不是稳定庄重的信息，而是轻盈、明快的信息。图 7-12 显示了某银行大厅的内景。该大厅的装修材料以磨光的大理石为主，大厅的美在很大程度上就是由大理石光洁的质地表现出来的。

图 7-12　质地光洁的大厅

符号类的语言要素主要功能是表现建筑环境的外在形式。这部分语言发展变化较快，随着时间的推移，会不断经历延续、演化、消失和更新等过程。

（二）实体类的语言要素

建筑环境艺术中实体类的语言要素有四种，即自然物、人造物、艺术品和建筑主体。

自然物（当然是人化自然物）包括土壤、山石、水体、花草树木和观赏动物如天鹅、鸳鸯、鹦鹉、锦鲤等。

人造物包括家具、陈设、灯具、日用品、界面装修以及广场、道路、水池、喷泉、瀑布、假山、亭台楼阁、小桥、堤坝、栏杆、台阶、路灯、座椅、钟塔、标语牌、指示牌、画廊、报廊、果皮箱和音箱等。人造物也包括用作陈设的各类杂品，如旧纺车、旧织机、斗笠、蓑衣、渔网、弓箭、体育用品和文娱用品等。

艺术品包括绘画、雕塑、艺术摄影、书法及各种民间工艺品，如年画、泥塑、竹编、草编、扎染、蜡染、风筝和香包等。

实物类的语言要素，重点表现建筑环境的内容，如功能、性质和思想情感等。

二、建筑环境艺术的语法规则

建筑环境艺术的语法规则，与上述两种语言要素相对应。符号层面的语言要素以"形式美的基本法则"为规则。就是说，这类要素要按形式美的基本法则的要求进行组合。实物层面的语言要素则应以下列几点为规则：

（一）功能上的明晰性

实用性是建筑环境的基本属性。建筑环境的实物要素一般应具有实用价值，

109

如无实用价值，至少也不能损伤环境整体的实用价值。

（二）用语上的准确性

建筑环境各有主题，各有不同的氛围。各种实物要素，应从不同的角度强化主题，烘托氛围，而不是干扰和消解主题和氛围。因此，用语应尽可能准确，切忌词不达意，文不对题。

（三）风格上的一致性

建筑环境中可以有一些不同风格的要素，当前流行的所谓"混搭"，就是把风格不同的要素混合搭配在一起。这种"混搭"有利于活跃建筑环境的气氛，也可以有效地体现不同文化可以兼容共处的理念。但"混搭"不能导致杂乱无序，不能变成漫不经心的"杂陈"。好比说话，在现代语言中偶尔夹杂一两句"古词"、"古句"，在普通话中偶尔夹杂一两句方言，都可能收到生动、活泼的效果，但如果过头了、用滥了，就可能模糊语言应该表达的意义，也可能使语言的美感消失殆尽。因此，要尽可能保持要素风格的一致性。在不同风格的要素"混搭"时，应力求有主有次，相得益彰。而不是尖锐对立，表现为激烈的冲突。

（四）环境与人的和谐性

建筑环境的核心是置身于其中的人。建筑环境中的要素必须体现人性化的原则，为人服务，为人所用，引发人们的愉悦，并进而促进人与人、人与社会、人与自然的和谐。

机场航站楼的主要功能是方便旅客进港和出港，但目前的许多航站楼已成人们购物、消闲的载体，甚至是值得观赏的景致。新加坡樟宜机场的航站楼就因为具有这样的特点，而接待过不少因为飞机延误而喜笑颜开的旅客。新加坡樟宜机场航站楼素以为旅客提供完善设施和周到的服务而闻名。该机场的 2 号航站楼有一个一站式多媒体综合娱乐中心，它可以根据不同人的运动和行为，调动旅客的运动神经，甚至面目表情和声音。旅客在此，可以打乒乓球、保龄球、沙滩排球，进行田径运动或踢足球，或打多种多样的游戏。2、3 号航站楼的电影院则可以 24 小时免费供旅客看电影。樟宜机场还有许多花园，可以让旅客全身心地在自然景观中放松自己，消除旅途的疲劳。在全球第一个蝴蝶园里，有 1000 多只美丽的蝴蝶。在这里，人们可以观赏翩翩起舞的蝴蝶，也可以在独立的展示屋获得关于蝴蝶的科学知识。在露天仙人掌花园，旅客们可以观赏来自非洲和美洲的 40 多个不同品种的仙人掌和肉质植物。在兰花园里，旅客们不仅可以欣赏珍贵的兰花，还能观看多种嬉戏的锦鲤。机场的荷花园、梦幻花园等，也是等待登机的旅客们值得一去的好去处。新加坡樟宜机场航站楼是一个非常典型的建筑环境。在这里，有多种多样的环境要素，但它们都有共同的宗旨，那就是以人为中心，促进人与人、人与社会、人与自然的和谐。

三、建筑环境艺术的表情达意

　任何艺术都要表情达意，但不同的艺术门类表情达意的方式是不相同的。下面，从几个不同的侧面，分析解读建筑环境艺术如何表情达意，进而看看它与其他艺术门类表情达意的方式存在怎样的不同。

首先，看建筑环境艺术表情达意的抽象性。建筑环境艺术与绘画、雕塑等同属造型艺术，但绘画、雕塑又存在不同的风格与流派，单从表情达意的方式看，就有具象派，写意派和抽象派。

具象艺术以写实和再现客观事物为主，在形象上注重形似，追求所谓的惟妙惟肖；在表情达意方面，采用叙事的方法，故易为欣赏者所把握。西方古典油画和中国国画中的工笔画都属于这一类。图 7-13 油画《伏尔加河上的纤夫》即为具象艺术。

图 7-13　油画《伏尔加河上的纤夫》

意象艺术以写意为主，追求神似或形神兼备，形象往往在似与不似之间。在表情达意方面，既有一定的指象性，又给欣赏预留了一定的想象空间。徐悲鸿的《奔马》等就属这一类（图 7-14）。

图 7-14　意象绘画《奔马》

抽象艺术作品着重表现要素本身，如点、线、面、体、色彩、质地以及虚实、静动等，没有具体的人物、动物、植物等形象。审美主体联想和想象的空间大，不同审美主体面对同一审美客体时，感受可能完全不相同（图 7-15）。

111

图 7-15　外环境中的抽象雕塑

　　建筑环境艺术的情况比绘画和雕塑复杂得多。要素中的具象艺术品，如具象绘画、具象雕塑、艺术摄影以及刻屏、楹联、匾额等可以直接地、也相对明确地表达建筑环境的主题和意义，但这样的艺术品在建筑环境要素中所占比例较小。建筑环境的整体氛围、主题和意义，更多地要靠其他要素如自然物、人造物、抽象艺术品和建筑实体烘托和表现。正因为如此，建筑环境艺术表情达意的状况就明显有别于具象艺术，而是略同于抽象艺术。

　　其次，看建筑环境表情达意的模糊性。具象绘画和具象雕塑可以比较明确地反映艺术家对社会生活的情感态度，且反映得直截了当。建筑环境艺术，由于明显地为物质、经济、技术等条件所制约，往往又是整体创作的，故很难反映艺术家个人的情感态度，而主要是反映社会的群体意识，并表现为某种特定的氛围，如古朴、自然、庄重或明快等。也就是说，建筑环境艺术的表情达意没有具象绘画、具象雕塑那样明确，往往具有较大的模糊性。以悉尼歌剧院为例，那几片竖立的壳体，可以使人想到船帆，可以使人想到花瓣，而据建筑师伍重自己说，他的灵感其实是来自一瓣一瓣的橘子。

　　通过对建筑环境表情达意的抽象性和模糊性的分析可知，建筑环境很难像再现型艺术那样通过形体、动作和姿态的再现来反映社会生活，而只能在整体上像表现型艺术那样比较抽象地表达一定的氛围、思想、观念和美学倾向，成为一定时代人们思想感情的凝聚和象征。有些建筑环境也能表达一些具体的内容和意义，此时，它们必须借助具象绘画、具象雕塑、具象装饰以及摄影、文字的力量。

　　近年来，在建筑环境设计领域刮起了一股不大不小的"拟物"风。所谓"拟物"，就是环境总体、建筑实体和各种小品的形象酷似人物、动物、植物、器物，甚至某些自然现象，就是要让欣赏者立刻认出它"是什么"或"像什么"。在这种冲动的引领下，某校园总平面被规划成"天鹅"状；某些建筑实体被设计成"铜钱状"、"酒瓶状"、"篮球状"、"乒乓球状"；某些亭子被设计成"元宝状"；

一些果皮箱被设计成"青蛙状"、"鲤鱼状"或"熊猫状";某大酒店甚至被设计成"福、禄、寿"三星状。

拟物之风,并非始于今日,早在18世纪,法国建筑师克劳德·尼古拉斯·勒杜就设计过平面类似男性生殖器的妓院。20世纪80年代,美国建筑师盖里为广告代理公司CDM设计了入口酷似望远镜的总部大楼。这幢建筑还使弗兰克·盖里获得了1989年的普利兹克建筑奖,被评奖团誉为"是现代社会及人们矛盾价值观的独特表现。"

CDM大楼的出现有其特殊的时代背景,它源于"后现代主义"提倡暗喻甚至明喻的思潮,附和了冷嘲热讽、嬉皮笑脸的游戏感。应该特别指出的是,该大楼的主要部分(除"望远镜"之外)功能极为合理,并有趣味性。

在建筑环境中采用的拟物设计,可称类比型设计。被类比的客体,可以是人物、动物、植物和其他人造物,如汽车、轮船、飞机、机床等。类比型设计有两种情况,一种是直接类比,即直接模仿客体的外形;另一种是间接类比,即研究和应用客体的构成机制、生成原理和典型特征。间接类比不是从客体外形出发并追求外形上的高度相似,而是对客体进行深层次地发掘,让现实与想象相结合。

直接类比的方法只能用于某些特定的情况,从建筑环境艺术的特性看,不是可以广泛应用的好方法。

理由之一是,这种方法可能伤害功能、技术和经济上的合理性。建筑环境的基本功能是实用。它用地广阔,要素繁多,涉及诸多物质因素,如材料、技术和资金等。如果硬是让它的总图、建筑、小品酷似某一个物体的外形,就很难设想它在功能、技术和经济上还能保有足够的合理性。一所学校的校园,往往有几十幢建筑和大量广场、道路、绿地以及复杂的管线,还会有各种具有实用价值和用于美化的小品,很难设想把它们拼凑成一个"天鹅"形的总平面,还照样实用、经济和美观。一所酒店有公用部分、客房部分、管理部分和附属设施,也很难设想硬是塞到一个外形呈福星、禄星、寿星的三座巨形空心雕塑中,依然好用,且对技术、经济的合理性没有负面的影响。

理由之二是这种方法会导致审美过程的简单化。拟物的形象作为建筑环境艺术的语言,只能表达环境的表层意义,如酒瓶状的建筑能让人想到它可能是酒厂的办公楼或值班室;篮球状的建筑能让人想到它可能是篮球馆;铜钱状的建筑能让人想到它可能是金融机构等。除此之外,它很难引发人们更多的联想和想象,也不可能导引人们去理解建筑环境的深层意义。

在对比了具象艺术、意象艺术和抽象艺术之后,在分析了拟物设计法的是非曲直之后,可以就建筑环境艺术语言的表情达意这一问题,形成以下意见:建筑环境艺术的语言要素可以从表层和深层两个层次表现环境的意义,符号性的语言要素主要用来表现表层的意义,实物性的语言要素可以表现深层的意义。建筑环境艺术表情达意的方法近似抽象艺术和意象艺术,主要特点是着重表现建筑环境的总体氛围和具有代表性的社会意识。这种表情达意的方式具有一定的抽象性和模糊性。拟物的设计方法不是表情达意的好方

113

法，不宜滥用。

四、建筑环境艺术的表情达意与联想和想象

建筑环境艺术不仅能通过特定的语言表达环境的表层意义，还要尽可能地将人们引领至环境的深层结构，深入了解环境的内涵，体会环境的审美价值。而这一过程就是建筑环境艺术通过特定语言引发审美主体产生联想和想象的过程。

（一）联想

联想是人们能从一个事物想到另一个事物的心理活动。它以记忆为基础，是人们从当下的见闻勾起过去的与之相似、接近或者相反的见闻的那种心理活动。联想是旧知觉与新知觉表象的重叠组合，这新的对象可以产生新的审美意象。

按照引发联想的缘由，可把联想划分为四种：

一是相似联想。这是一种由于事物之间具有相似的性质和状貌而引发的联想。"大弦嘈嘈如急雨，小弦切切如私语。嘈嘈切切错杂弹，大珠小珠落玉盘（白居易《琵琶行》）"是性质相似引发的相似联想；"飞流直下三千尺，疑是银河落九天"（李白《望庐山瀑布》）是状貌相似引发的相似联想。纽约 TWA 机场航站楼，形似展翅飞翔的大鸟，可以引发人们关于飞机飞行的联想。从联想的种类看，就属性质与状貌都很相似的相似联想。

二是接近联想。这是一种由于事物所处的时间或空间接近而引发的联想。"去年今日此门中，人面桃花相映红。人面不知何处去，桃花依旧笑春风。"是唐朝诗人崔护的诗作《题都城南庄》。在这首诗里，诗人通过"去年"与"今日"的不同场景，引发了睹物思人的联想。这一联想既有时间上的接近（"去年"与"今日"），又有空间上的接近，因为两个不同的场景是在同一地点发生的。实现生活中接近联想的例子极多，如缅怀先烈、追念往事等。

三是对比联想。即一件事物引发与其性质状貌相反的另一事物的联想，"朱门酒肉臭，路有冻死骨"（杜甫《自京赴奉先县咏怀五百字》），即属性质相反的对比联想。

四是关系联想。即由于事物之间具有特定关系而引发的联想。这种关系表现在诸多方面，如因果、整体与局部、长远与未来以及亲友、师徒关系等。

（二）想象

人在反映客观事物的过程中，可以改造原有的记忆表象，创造新的形象，这种心理活动就是所谓的想象。想象与联想既有相同点又有不同点。相同点是都以当下反映的客观事物为基点，不同点是联想所引发的是记忆中的另一个事物，想象则是主体创造新形象。

想象是形象的创造过程，与人的审美趣味和审美理想相联系。想象力对艺术家和欣赏者都很重要，但相对而言，对艺术家更重要。艺术家有无想象力和有怎样的想象力，与艺术家个人的激情、才华、经验、创作个性、创作方法有关，在一定程度上又为他们的世界观和价值观所影响。

联想和想象可以使审美对象不断具体、明确和生动，可以使审美活动更丰

富，可以使审美中的认识由感性向理性深化，使审美的意象更丰满。

通过对联想与想象的简要分析可知，拟物设计法所以不是建筑环境设计的好方法，就是因为采用这种方法设计的形象，可能使审美活动中的认识止步于感性的、浅表的层次，难于向深层结构深化，也难于引发人们的联想和想象，以致使审美活动简单化。

（三）象征

与联想相近的概念还有象征、隐喻和模拟等，其实，它们都是联想的特殊形式。

象征指的是通过具体事物暗示与该事物相应的另一具体事物或抽象的观念情绪。这就是说，象征共有两个因素：一是可感的具体事物，二是被暗示的另一事物或观念情绪。前者是个别事物，具有符号性质；后者，如果也是一个具体事物，应该更具典型性。如果是抽象的观念情绪，则会更具普遍性。

象征是建筑环境艺术表情达意的方法之一。

象征有形式象征和意义象征之分。

形式象征是以一种具体事物的形式象征另一种具有可感形式的事物，如用人工河流象征"天河"，用几块石头象征岛屿等。著名的阿房宫"表南山之巅以为阙"（《史记·秦始皇本纪》），以南山象征宫阙之门。秦始皇图长生不老，既派方士又亲自寻访神仙而不得，便在咸阳东引渭水为兰池陂，中筑土山以为蓬瀛，并刻石为鲸，作为象征。汉武帝仿秦之故事，建太液池模拟蓬莱仙境。池上有名为蓬莱、方丈、瀛洲三岛，池边以石刻成鱼龙异兽，象征海中龟鱼。清代所建颐和园有一池三岛，圆明园也有以一池三岛命名的景区。上述各例，都是以具体事物的形式象征另一种具有可感形式的具体事物的例子。尽管其中也有象征特定观念情绪的成分，但从总体看，均属形式象征。

意义象征是以具体事物象征抽象的观念情绪，如以红色象征忠诚，以黄色象征尊贵等。在中国传统建筑环境艺术中，意义象征又有多种手法，常见的有数字象征、色彩象征、图形象征和命题象征等。

数字象征就是用数字暗示某种相应的观念和情绪。如北京天坛祈年殿以最上层的四根龙柱象征春夏秋冬四季，以中间十二根金柱象征一年中的十二个月份，以十二根檐柱象征一天之内有十二个时辰等。在近现代建筑环境设计中，也有以数字作为象征的做法，如用台阶的数量、旗杆的高度暗示某人生日、某个重大活动的日期等。数字象征确切地讲应该称之为暗示。这种手段偏于含蓄，甚至隐讳，一般的欣赏者不一定能够准确了解其中的意义。

以色彩作为象征手段最为常见，也最为人们所熟悉，因为色彩的某些象征意义已经约定俗成，早为人们所了解，如红色象征革命、忠诚、热烈，绿色象征生命、律动等。色彩的象征意义往往受地区、民族、种族甚至不同人群的影响，会显现这样那样的差别。

图形象征也是建筑环境设计中常常使用的方法。在中国，素有"天圆地方"之说，于是，圆形和方形就常常被作为建筑或场地的平面。甚至相配使用，形成下方上圆的造型。

　　某公司办公室，以六角形作为装饰的母题，打造了一个"蜂巢"式的工作环境（图7-16），着眼点就是体现六角形这一装饰母题的象征性：蜂巢是一种完美的"建筑"；蜜蜂有严密的社会组织、明确的专业分工和勇于为集体献身的精神。打造"蜂巢"式的工作环境，可以激发团队精神，更可以启发公司员工像蜜蜂那样团结协作，通过辛勤的劳动去创造幸福甜蜜的生活。

图7-16　"蜂巢"式办公环境

　　象征是一种相对含蓄的手法。采用象征手法，可以有效地增强建筑环境美的魄力。应该注意的是不能把象征引向庸俗和神秘的方向。庸俗的象征，表意直白，手法粗糙，会使人厌烦；神秘的象征，会让人难解其意。

第八章　建筑环境美的范畴

一般地说，范畴乃是人的思维对于客观事物的普遍本质所作的概括和反映。范畴经常表现为既有对立又有联系的两个方面。它们有差别，又有关联，在一定的条件下，还能向相反的方向转变，如精神转化为物质，物质转化为精神。不同的领域有不同的范畴，如化合与分解是化学的范畴，现象与本质、形式与内容是辩证唯物主义的范畴。

审美范畴是人们基于对美的本质的理解，依据审美对象的状态、面貌和特征，对审美特性所做的判定。不同的时代、不同的学者对审美范畴的判定是不同的。西方的一些学者曾把审美范畴定为"美、伟大与新奇"，但更多的美学家则倾向于把审美范畴归纳为优美、崇高、悲剧、喜剧（滑稽）、丑、怪诞和意境等。

审美范畴普遍存在于自然美、社会美和艺术美。

在自然美中，长河落日、大漠孤烟、大江东去、惊涛骇浪和飞流直下等，具有"崇高"的特性；朝霞夕阳、月圆日丽、风吹杨柳、雨打芭蕉、黄鹂翠柳、白鹭蓝天等则具有"优美"的特性。

在社会美中，百万雄师过大江，乌江天险重飞渡等具有"崇高"的特性；沙滩散步，平湖泛舟等则具有"优美"的特性。

在艺术作品中，不同的审美特性会表现得更为明确，这是因为，在艺术创作过程中，艺术家已对其进行了加工和提炼。如秦王破阵乐与春江花月夜、安塞腰鼓与彩茶扑蝶舞的审美特性就有明显的差异。

建筑环境要素太多，很难用一个统一的范畴来概括。因此，只能从总体氛围上作判定，或只针对某一个要素作判定。

关于建筑环境的审美范畴，中国传统美学中有所谓"大壮"、"适形"等说法，其含意与"壮美"和"优美"等相近。两者的区别在于："大壮"、"适形"只用于建筑环境，而"壮美"和"优美"可以用于更多的领域。

参照中外美学家关于审美范畴的论述，可把建筑环境的审美特性划分为四大类：第一类为"壮美"，与之相近的提法有"大壮"、"崇高"和"阳刚美"；第二类为"优美"，与之相近的提法有"秀美"和"阴柔美"。"阳刚美"和"阴柔美"来源于中国《易经》关于阳刚阴柔的观点，由于概念明确，易于理解，早已为人们所接受。第三类和第四类为怪诞和丑。

一、壮　　美

壮美是一种能够显示崇高、阔大、雄浑、壮丽、威严和神秘的美。既存在于自然事物和自然现象中，也存在于社会生活和艺术作品中。站在广阔的草原上看马群飞奔，伫立在东海边看波涛翻滚，到雪域高原去仰望神山等都能获得壮美的感受。

建筑环境中的壮美大都与体量巨大、面积广阔、质地粗糙、色彩沉着、线条挺拔等相联系。这种壮美能够显示建筑环境的权威性和神秘性。

在中国传统美学中，与"壮美"相近的概念有"大"与"大壮"。

"大壮"一词来自《易经》，其中有大壮卦，按《易经·说卦传》，大壮卦的卦象为雷在天上轰鸣，龙在天空升腾，其势谓大而且壮。这种提法与建筑环境本无关联，只是在后来，才用于形容建筑的形态与气势。

中国传统建筑中的宫殿、陵墓等，多具高大、广阔的体量和雄伟、威严的气势。其根据是"非壮丽无以重威"和"无礼弗履"，主要目的是强调"大壮"在礼制方面的作用。认为宫殿、陵墓只有符合"大壮"的原则，才能与"尊卑有分、上下有等，谓之礼"的礼制精神相一致。

中国传统美学中的"大壮"和"壮美"与西方美学中的"崇高"相通而不相同。主要不同点是，西方的所谓崇高含有丑的成分，包括恐怖和神秘。而中国所谓的大壮与壮美，不含丑的成分，给人的审美感受是单纯的振奋。

大壮和壮美的审美特性，在中国传统建筑中表现得很充分。这主要是因为在中国的传统美学中，一直存在着"尚大"、"尚高"、"尚威"的审美意识。

首先说"尚大"。

中国传统建筑，由于采用木结构和砖木等材料，体量高者较少，很难与以石材为主的西方古典建筑比高。但中国传统建筑擅于横向铺排，即以庞大的群体取胜。据《三辅黄图》记载，秦之阿房宫"规灰三百余里。离宫别馆，弥山跨谷，辇道相属，图道通骊山八十余里。表南山之巅以为阙，络樊川以为池。""前殿阿房，东西五百步，南北五十丈，上可坐万人，下可建五丈旗。"规模之大，前所未有，尚大之风，可见一斑。

汉承秦风，继续营造阔大宫室。《三辅黄图》记载，汉之未央宫"周围二十八里，前殿东西五十丈。"尚大之风，与秦无异。

唐大明宫在前部中轴线上建造了三座宫殿，内庭布局自由，还营造了太液池和蓬莱山等多个景区。

明清北京故宫，更加明显地表露出尚大的审美意识。

其次说"尚高"。

中国传统建筑因受材料和技术的限制，很难建得很高，但这并未阻止中国传统建筑竭力拔高，借以显示雄伟高大的气势。拔高的主要方法是以土筑台，将宫殿等建在高台之上，让建筑成为高台建筑。

北京故宫太和殿下有三层基座，上有重檐屋顶，是全国现存的最大的建筑。天坛祈年殿下有高约 6m 的三层圆形基座，上筑三重屋顶，总高约 38m，也是中国传统建筑中既"大"又"高"的建筑。

尚高之风在陵墓中表现得尤为突出。秦始皇陵雄踞陕西临潼骊山主峰北麓的原野上，陵体为方锥形土台，高达 47m。唐太宗"请因山而葬，勿须起坟"，更是明确表示出借山之高表陵之高，不起坟而使坟极高的尚高意识。依其旨建造的昭陵，高居山峰之上，开创了依山建陵的先河。此峰海拔 1200m，陵墓之高，无他陵可比。

再次说"尚威"。

无论是宫殿，还是陵墓，都要显示帝王的权威。因此，尚威也就自然与尚大、尚高一样，成了统治者的审美追求。大、高是手段，显威是目的。

古埃及的金字塔是法老的陵墓。古埃及人相信灵魂不灭，认为只要保护好尸体，法老就能复活并永生。因此，古埃及的统治者十分重视陵墓的建造，仅已发现的陵墓就约 80 座。著名的胡夫金字塔，是一个精确的方锥体，高 146.4m。边长 230.6m，由大约 250 多万块淡黄色的石灰石砌成，外边还贴砌了一层磨光的白色石灰石。这些石块体积很大，有的长达 6m，平均重量为 2.5t。

金字塔造型简洁，然而，正是这简洁但又高大、稳定、厚重的造型，有效地显示了它的权威性，彰显了法老不可动摇的地位。

西方的许多神庙与教堂同样具有"尚威"的特质。在神庙与教堂的建造中，西方人倾注了大量的智慧和心血，先为它们选择最好的位置，再赋予它们超大的尺度、直插云天的高度和神秘的氛围。而这一切，只是为了达到一个目的，那就是突显神权无限的威势。

最后说"崇高"。

在西方美学中，"壮美"的特点常被表述为"崇高"，并把崇高作为审美范畴的重点。崇高的意义是审美对象具有粗犷、巨大的可感体形或态势，同时又蕴含着巨大的物质力量和精神力量。崇高美可以给人以刺激，让人感叹，受到鼓舞和激励。也就是说，崇高不仅具有巨大的物质形态，还有巨大的精神力量，是对人的本质力量的肯定。

人们对于崇高的体验，往往要经历一个由初级阶段再到高级阶段的过程。初级阶段，人们可能会望而生畏，甚至感到痛苦和恐慌。例如，人们在狂风大作、巨浪翻滚的时候感受就大体如此。但有了较多认知并掌握了规律之后，人们就可能把上述现象视为审美对象，并从中激发自己的信心和勇气。就像人们站在堤坝之上，身依栏杆，观赏钱塘江大潮那样。这后一个阶段，就是体验崇高的高级阶段。

上述体验过程，同样可以出现在人们对崇高的建筑环境的审美中。

罗马圣彼得大教堂是世界上最大的天主教堂，是意大利文艺复兴时期建筑的纪念碑。教堂平面为正方形，中有一个巨大的穹隆顶，四角各有一个小穹隆顶。大穹隆顶的顶点距地面 137.7m，顶部有天花，墙面有各式壁画和雕刻。教堂的下面有入口广场，由梯形和椭圆形平面衔接而成。椭圆形平面长轴 198m，周围有一圈由 284 根塔司干柱组成的柱廊。该教堂无论是广场还是建筑本身，都极具崇高的特性，置身其中的人，对于这种崇高的体验同样要经历两个相互连接的阶段：刚刚进入广场，特别是刚刚进入教堂的时候，他们会受到可感形式的压迫，产生望而生畏、自身渺小、甚至是恐惧迷茫的感觉，这属于第一阶段，即初级阶段。紧接着，他们会由于有了上述体验而受到震撼、刺激，从而激发出巨大的潜能，包括对上帝的笃信，对天国的向往等。此时，对崇高的体验便进入了高级阶段。

那么，崇高为什么能够具有审美价值呢？

第一，是因为它始终与强烈的生命感和生存意识相联系，在崇高的艺术作品面前，人能够感受生命的短暂，从而更加珍惜生命，更能增强对于生活的热爱。

第二，是因为它能够使审美主体产生心灵上的超越，即超越自身的有限而走向精神上的无限。崇高的审美对象，可能引起审美主体的敬畏和崇拜，但又可能使对象的力量转化成主体自身的力量，从而超越平庸，唤发勇气，并从中获得超越的快乐。有些本不是英雄的人，在英雄精神的鼓舞下，做出了英雄般的事迹，并从中获得快乐，就是心灵实现超越的例证。

第三，是在欣赏崇高美的过程中，人们能从否定当中找到肯定，从挫折当中找到顽强。在崇高的审美客体面前，人们往往会觉得自己十分渺小，十分脆弱、十分有限。然而，也就在这短暂的、被否定的瞬间，崇高的审美客体又会激发起他们的超越精神、创造精神和献身精神。在上例中，我们曾经谈及审美主体在圣彼得大教堂中可能体验到压迫感，这是审美主体受到否定的时刻，但由此便可能引起审美主体的抗争，并在抗争之后获得自由感和更大的精神力量。由此也可以说，崇高感就是审美主体在受到压迫、进行抗争之后而获得的自由感。

二、优　　美

优美又称秀美、阴柔美或典雅美，在西方美学中它与崇高相对应，在中国传统美学中，它与壮美相对应。

优美在情感形式上主要表现为温柔、纤细、含蓄、绮丽、光滑、圆润、小巧、轻盈等。其外在形式大都符合单纯、对称、稳定、均衡、整齐、协调、节奏、韵律等形式美的基本法则。优美具有完整性，没有明显的残缺。优美的形式容易与美的内容相统一。

优美能够带给人们平和、安静、甜美、惬意的感受，从而使审美主体获得审美的愉悦。

建筑环境的各种要素经过设计师的加工、提炼、整合与创造，能充分展示优美的特性，这对营造宜居、乐居的建筑环境是十分必要的。经验表明，宫殿、陵墓、教堂等应有壮美的特性；酒馆、食肆、民居等则应有优美的特性。

我国江南的"四水归堂"式民居平面，与北方的"四合院"大致相同，但院落较小，被称"天井"，意为四周屋顶向内倾斜，雨水可集中排至天井之中。这种民居的墙体，下部多用石板砌筑，上部多为空斗墙或竹编抹泥墙。屋面铺青瓦，墙面饰白浆，地面铺石板，目的是适应潮湿多雨的天气。这种"四水归堂"式的民居与临水而居的江南民居，都是"优美"的审美对象，都有造型轻盈、色彩淡雅、朴实无华的审美特性。

中国江南的私家园林，也属"优美"范畴，无论是亭、廊、台、榭，还是厅、堂、佛塔，其可感形式大都灵活精巧、典雅秀丽、散发着中国传统美学所崇尚的自然气息。试看园中之亭，体形小巧，形式多样，平面或为四角、六角、八角，其上或为瓦顶、草顶，既可成为独立的景点，又可与园中的山水相配。优美的造型与休闲的功能协调一致，形式很好地反映了内容。再看园中之廊，平面有直有曲，侧面可单面开敞或双面开敞。布局往往能依山就势，结合地形，随之形成水廊、桥廊和爬山廊。园廊是园中的交通通道，可以引导人的游览线路，又可组织景观、遮阳避雨、供人休息观景。其优美的可感形式与丰富的内容同亭子一样，具有高度的统一性（彩图 14）。

在分别阐述了壮美与优美两个不同的审美范畴后，不妨将两者作一个对比，这样，将会使我们对壮美和优美的理解更深刻。请看下表：

	本质特征	重威,有动势,具有浪漫色彩
壮美	感性形式	体量庞大,占地广阔,挺拔高耸,质地粗糙,厚重凹凸,多用有力度的直线
	审美感受	雄伟、壮丽、严肃、郑重、神秘、冷峻
	感性形式	体量较小,占地紧凑,轻盈剔透,质地细腻,光滑洁净,色彩明快,线条柔和
优美	审美感受	温柔、绮丽、典雅、含蓄、平衡、舒缓、活泼、小巧、精致
	本质特征	和谐美,富于现实精神,没有激烈的冲突

壮美与优美的差异不是绝对的，而是相对的，表现如下：

其一，壮美与优美相对而存在。

说某物很大，那是相对于比它小的物体而言，如果相对于比它更大的物体而言，它就是小的了。在建筑环境中，这样的例子比比皆是，拿北京故宫来说，从总体上看，应属壮美范畴。但与外朝的壮美相比，内廷则带有优美的成分。具体地说，外朝的三大殿气势宏伟，无疑是壮美的，但过了乾清门之后，即至后三宫，三宫的体量骤然减小，气氛相对亲切，很有优美的特点。

再以传统民居为例。相对于宫殿的壮美，民居肯定应被归至优美的范畴，但不同地域、不同类型的民居审美特性并不相同。相对而言，北京的四合院、山西的大宅、陕北的窑洞，多少具有壮美的特点，而"枕河而居"的江南水乡民居则有优美的特点。

其二，壮美或优美与图底的状况有关系。

许多建筑环境，都有用于点题的孤石，其上刻着园名、校名或警句。这些较大的块石如果置于空旷的广场或草坪上，以块石为"图"，以广场和草坪为"底"，必然能显示出一些壮美、崇高的气质。反之，如果将块石置于假山之前，呈现一种新的图底关系，块石的壮美和崇高就会大打折扣。

建筑外环境中有许多牌坊、钟塔、华表等要素，它们究竟能有什么样的审美特性，固然与自身的可感形式有关，同样也与它们的背景有关。具有标志意义的上述要素，应有良好的背景相衬，以充分显示其崇高的地位。

其三，同一建筑环境可能既有壮美的成分又有优美的成分。

印度泰姬—玛哈尔陵是印度莫卧儿王朝的皇帝沙杰汗为其爱妃蒙泰姬—玛哈尔建造的陵墓。该陵是伊斯兰建筑中的精品，被看作是印度古典建筑中的一颗明珠。

泰姬陵是一个完整的建筑组群，坐落在一个宽 293m、长 576m 的长方形花园中，外有围墙。正门的第一道门内，是一个宽 61m、长 123m 的大院子，两侧各有一个较小的院落。第二道门内，是一个宽阔的草地，被一个十字形的中央水池分成四部分。陵墓位于北端的一个由白色大理石砌筑的台基上，台基四角各有一个小光塔。

泰姬陵总体布局单纯、完整，具有端庄、肃穆的纪念性，具有崇高、壮美的特点。但从建筑主体看，又明显透露着清新、明快、欢快的气息。这种气息首先来自外环境，包括蓝天、草地、池水、水中的倒影和优美的天际线，同时也来自轻巧、玲珑、尺度适宜、色彩明快的主体建筑。那分布于四个角上的四个小光塔，比例修长，宛如亭亭玉立的少妇，尤其具有一种优美的气质。

泰姬陵的总体有壮美的特点，主体建筑和细部有优美的特点，这足以说明，同一个建筑环境有可能会显示出两种不同的审美特性，即兼有壮美和优美的特质。

三、怪　诞

怪诞，说通俗些就是稀奇古怪。怪诞中的怪，主要指某些事物和现象，异乎寻常，使人感到惊奇和意外。两棵树缠绕在一起，是自然界中的怪；奇装异服、反常的举动是社会生活中的怪；艺术中的怪，包括描绘对象的怪，也包括艺术手段的怪。

与怪诞相近的概念是荒诞，但怪诞与荒诞的含意是不同的。荒诞主要指内容，如某些时空穿越的故事；怪诞主要指形式和手法，如创作手法上的变形与夸张等。

建筑环境中的怪主要指怪诞，如采用一些稀奇古怪的造型等。建筑环境中不大可能有荒诞的内容，因为建筑环境属于实用艺术，不可能从根本上偏离宜居、乐居这个大方向。

建筑环境中的怪诞，主要表现在设计手法上，常见的怪诞手法有四种：

第一是夸张。如在娱乐场所的装修装饰中采用特大的手印、脚印、唇印和眼睛等图案，在雕塑中采用特殊的尺度和比例，或夸大手，或夸大脚，或显示极胖，或显示极瘦等。夸张的形象能使人惊叹、惊喜，有时还富有幽默感（图 8-1）。

第二是变形。夸张主要是改变事物的比例。变形则是局部或全部改变事物的形态。卡通画是典型的变形，其特点是既不复制原型，也不颠覆原型，主旨是以变形的状貌强化人们的印象。

夸张与变形有时被结合使用。毕尔巴鄂大酒店是西班牙毕尔巴鄂古根海姆博物馆的配套建筑，酒店的室内设计师是贾迈里·迈里斯卡尔。他在酒店大堂设计了一个高 26m，由金属网包裹着 90t 碎石的"碎石柱"。该柱尺寸极大，造型特奇，从审美角度看，应划分为怪诞的范畴。但它由于能与大堂中平直的线条、光滑的表面形成鲜明的对比，竟然成了大堂的视觉中心。由此，也就实现了由"丑"向"美"的转换。在"碎石柱"的设计手法中，既有尺度上的夸张，也有形象上的变形（图 8-2）。

图 8-1　夸张的形象举例

图 8-2　毕尔巴鄂大酒店中的"碎石柱"

　　第三是嫁接。变形的概念相当丰富，即有卡通画似的变形，也有狮身人面像及美人鱼似的变形，而后者就是用嫁接的手法完成的。

　　第四是拟物。所谓拟物，就是直接模拟动物、植物或其他非生命物的外观形

123

象，如人们已经见到的"人脸住宅"、"汉堡形售货亭"、"甲壳虫状户外洗手间"等。上述实例也有怪诞的特性，也含夸张、变形的成分。拟物的手法可以用于体量较小的、趣味性要求较高的建筑小品和家具。与上述三种手法一样，绝不可没有原则地套用和滥用。

四、丑

丑，与美相对应。美与丑是一对矛盾，具有对立统一的关系。美与丑相对而存在，没有丑就无所谓美。美与丑可以在一定的条件下向相反的方向转化。丑可以成为崇高、怪诞等范畴的构成因素，也可以成为独立的审美范畴。

在美学研究中，只有把美与丑联系起来，关心美与丑的依存和转换，才能对艺术创作及建筑环境设计的原则理解得更加深刻。

老子关于"大音希声"、"大象无形"、"大巧若拙"、"大辩若讷"的说法，可以充分表明美与丑具有相互依存、相互转化的关系。这里的"大音"、"大象"、"大巧"、"大辩"之美，可以由"希声"、"无形"、"若拙"和"若讷"之丑转换而来，反之也是如此。

在现实生活中，美与丑相互转换的例子也是很多的。人常说"食不厌精"，事实上，长期食用精细食物的人往往渴望去品尝一些杂粮和野菜，在这种情况下，本来拿不上台面的杂粮和野菜便转换成了"美味佳肴"。

那么，究竟什么是丑呢？

从美学史上看，人们对丑的研究远远少于对美的研究，因此，对丑的意义以及丑的价值，长期缺少一致的意见和准确地把握。

现实世界是充满矛盾的，人与客观世界之间在许多方面表现得不和谐，所谓丑就是人们感知和体验这些不和谐的关系时所产生的审美感受。需要说明的是，现实生活中的丑与艺术作品中的丑是不同的。前者，如贫困、疾病、粗鲁、污秽等无美可言，只能引起人们的厌烦与憎恶，不可能激发人们的美感。艺术中的丑则不然，由于艺术家的加工和制作，丑可以转化为美，丑可以具有特殊的审美价值。除此之外，艺术家还可运用讽刺、批判等手法，否定现实生活中的丑，使人们从这些讽刺和批判中获得愉快，就如人们听相声和看漫画可以获得愉快一样。

建筑环境中的所谓丑，与现实生活中的丑及艺术作品中的丑有相通之处。建筑环境中的美与丑，在一定条件下同样可以向相反的方向转化，而正是这一点，可以使设计师化丑为美，化腐朽为神奇，使本以为丑的要素具有独特的审美价值。

中国古典园林中常用湖石造景。园林设计师选用湖石的标准不是一般人所谓的平滑细腻，而是"瘦、漏、透、皱"。理由何在？理由就在于这些瘦、漏、透、皱"的湖石，能够给人以"如虬如凤，若跧若动，将翔将踊，如鬼如兽，若行若骤，将攫将斗"的感受。这就是说，此时的湖石已不再是形象丑陋的非生命体，而是一个充满活力的、灵动异常的生命体。它们能够引发人们的种种联想，带给人们以新的审美感受（图8-3）。

图 8-3　园林中的湖石

建筑环境中诸如此类的例子不在少数，再举几例：

人们常以精细为美，但在装修中设计师却常常有意选用粗糙的清水混凝土、不粉刷的砖墙和带有疤痕的木材。意图是什么？就是以此来体现一种质朴美、粗犷美和原生美。

人们常以适度为美，但有些设计师却走极端，把装饰减到最低限度，并自称"简约"或"极简"。其实在一定条件下，很少装饰的建筑环境还真的能够体现出一种简约美，并为特定的人群所赏识。

人们常以完整为美，追求完整的图形和完整的序列，但在建筑环境设计中，也有许多残缺不整的造型。本书曾在"形式美的基本法则的变异"中详细分析过此类造型。其实，某些残缺不整的造型同样能够成为审美的对象，就如断臂的维纳斯雕像。

通过上述分析，可以把"丑"在审美中的意义与作用归纳如下：

第一，起衬托作用。即通过反衬，使丑美互映，提升对象的审美价值，如用粗糙的墙面衬托精美的挂饰，用块石砌成的基座衬托其上的不锈钢雕塑等。在这里，两者的对比受到强化，整个审美对象的审美价值也会随之而提升。

第二，起增色作用。许多"丑"可以凸显环境的特色，就像相声中的包袱，戏剧中的小丑，能够打破沉闷的格局，使对象顿时活跃起来。

波兰小城索波特有一座"楼歪歪"。在设计中，建筑师大胆地抛弃了直线和几何形，用曲线和非几何体，构成了一个奇特的外观。它恰似被外力挤扁，又恰似临近融化。它现为一间水吧，是这座名不见经传的小城的一张名片。

第三，起表意作用。某些丑的要素可能蕴含积极向上的意义。如古老的织布机、纺车、风车、水车等，单从外观上看，未必很美，甚至还很破旧，但它们却能勾起人们对于过往的回忆，对于古老文明的联想，从而激发人们去创造更大的辉煌。

某高校的大厅里有一幅用卵石粘贴的中国地图。这些卵石是由不同省、市、

125

自治区的学生从家乡带来的。用卵石粘贴的地图从形式上看不能说很美，但它却寄托了学子们对于家乡的眷恋，对于祖国的热爱，因而无疑是一个极有意义的审美对象。

与怪诞相近的审美范畴还有滑稽。在西方的美学思想中，滑稽与喜剧等地位都很突出，但在中国传统美学中，特别是在建筑环境艺术中，却很少滑稽的概念。

捷克布拉格尼德兰大厦，被人们戏称为"跳舞楼"。位于左侧的部分以玻璃覆面，体型上小下大，宛如一位舞裙飘逸的女郎。右侧圆柱形部分，相对沉稳，恰如一位风度翩翩的绅士。两个部分组合之后，很像手牵手、肩并肩的舞者，着实让人忍俊不禁。此类建筑的审美范畴可称"滑稽"，由于滑稽与怪诞相通，因此，在建筑环境设计中仍被归入怪诞的范畴（图 8-4）。

图 8-4　滑稽的"跳舞楼"

五、审美倾向的多元化

以建筑环境的审美特性为基点，可把建筑环境美的范畴划分为壮美、优美、怪诞和丑四大类，相关情况，如上所述。但如果以审美主体的审美倾向为基点，则能明显看到从古至今的人们一直存在着多种多样的审美倾向。

不同的历史时期，不同民族和不同地域的人，社会心理不同。就是同一个民族，同一个地区的人，在不同的历史时期内，也会形成不同的社会心理，并在建筑环境审美中表现出不同的审美倾向：

（一）以雅为美

在我国，以雅为美的审美倾向反映了古代士大夫阶层的审美理想、审美意识和审美趣味。这种所谓的"雅"，首先表现在文学艺术方面，随后也进入了建筑环境领域。以"雅"为美的倾向，并不反对"适用"，而是在"适用"的基础上追求自然、质朴的风格。

第一，是追求自然，即追求赏心悦目的、心旷神怡的情调，追求"梨花落院"、"竹影绕庐"的氛围。就像清代文人朱锡绶在《幽梦续影》中所说的："将营精舍先种梅，将起画楼先种柳"，"筑园必因石，筑楼必因树，筑榭必因池，筑室必因花"。

第二，是追求简朴，鄙视奢华、雕凿、琐碎之风。清代戏剧家和小说家李渔在《闲情偶寄·居室部》中表示："土木之事，最忌奢靡。匪特庶民之家，当崇俭朴，即王公大人，亦当以此为尚。居室之制，贵精不贵丽，贵新奇大雅，不贵纤巧烂漫。"谈到建筑的内部环境，清乾隆年间的清代文学家沈复还从玩物可能丧志的高度提醒人们："勿多列玩器"以防"引乱心目"。

第三，追求曲折别致，小中见大，主张建筑环境要有趣味性。这一点，在中国的古典园林中体现得最明显。

以雅为美的审美倾向是文人雅士追求闲适生活的心理反映，有逃避现实之嫌，但这种倾向中的积极意义，在今天的建筑环境营造中仍然值得借鉴。当今的一些由旧房改造的餐厅、会所、办公室，所以能够受到人们的追捧，在很大程度上就是因为它们散发着一种典雅、质朴的气息。

（二）以俗为美

俗，有"欲"和"习"的意思，说的是俗人的欲望可以形成习俗或风俗。俗文化与雅文化或精英文化相对应，植根于民间。由于建筑环境事关千家万户，建筑环境必然会受到俗文化的影响。其实，俗文化与雅文化并没有十分明显的界限，"喜迎明月常开户，贪对青山懒上床"，"常依曲栏贪看水，不安四壁怕遮山"（石成金诗），"开轩面场圃，把酒话桑麻。待到重阳日，还来就菊花"（唐代著名诗人孟浩然《过故人庄》）所散发出来的审美情趣，既是雅，也是俗，可以说是一种雅兴和世俗融为一体的情趣。

（三）以奢为美

以奢为美的倾向，主要反映在帝王宫殿的建造上。我国先秦的统治者就"以土木为崇高"，齐宣王建大宫室"大益百亩，堂上三百户。"秦始皇建阿房宫，"上可坐万人，下可建五丈旗"。之后的帝王也无不以雕梁画栋、堆金砌银为美。时至清代，这种以奢为美的倾向还产生了上行下效的效果，以致由皇家延伸到巨贾、豪绅和商人。

当今的建筑环境仍受奢靡之风的影响："适用、经济"不受待见，攀比、炫富之风盛行，动辄使用进口材料，许多装修穿金戴银，洋溢着一股"土豪"气。

（四）以洋为美

改革开放之后，文化交流增多，开阔了人们的视野，拓宽了设计师的思路，增加了建筑环境的丰富性。但与此同时，也滋生了"以洋为美"的审美倾向，许多建筑环境盲目模仿，甚至全盘照搬外国的造型和做法，以致使建筑环境逐渐失去了"民族记忆"、"地域记忆"和"人文记忆"。

（五）以高大为美

中国传统美学中早有"尚大"的倾向。建筑沿平面铺排，连续展开就是"尚大"的一大特征。中国传统美学中也有"尚高"的倾向。东汉的古诗中就有"西北有高楼，上与浮云齐"的说法。但从总体上看，由于技术等方面的原因，中国传统建筑中只有塔显示了垂直发展的意向，其他所谓高大的建筑都属高台建筑，即把建筑建在高台上。

当今建筑环境的"高"、"大"倾向：一是表现为盲目建造大广场、大草坪、宽马路、大门厅；二是表现为主体建筑争高度。

从全球看，高层建筑兴起于工业革命之后。20世纪初，欧美是建造高层建筑的主力，高层建筑最多的国家为美国。近年来，包括中国在内的亚洲、中东、南非等地则成了高层建筑发展最快的地区。

促使高层建筑飞速发展的原因有三：一是经济上有此需要；二是技术上为实现这种需要提供了可能；三是一些人确有难以割舍的高楼情结。

大中城市的发展，使城市人口骤增，城市的地价越来越贵，商业区的土地更是寸土寸金，这就不能不使建筑竖向发展，以求集聚人力，提高效率，取得最佳的经济效果。

高层建筑的发展，由于科技的发展而成为可能。正是科技的发展，特别是结构技术和垂直交通设备的发展，为高层建筑的发展在物质方面提供了有力的支撑。也正因如此，高层建筑在一定意义上也就成了一个国家、一个地区经济实力和科技水平的表征。实践已经表明，一些高层建筑确实能够成为一个国家、一个地区或一个城市的名片。提升该国、该地、该市的知名度，甚至会因此产生巨大的经济效益和社会效益。美国的帝国大厦和原世贸中心曾是纽约曼哈顿、纽约甚至美国的名片。吉隆坡双子塔石油大厦已成吉隆坡和马来西亚的名片。改革开放初期建成的上海"东方明珠"电视塔和金茂大厦曾是上海的名片。台北101大厦，在高层建筑不多的台北，鹤立鸡群，成了热门的旅游景点，是台北的名片。迪拜的帆船酒店和之后的迪拜塔不仅显示了国家的实力，还为这个原本没有什么旅游资源的国家带来大批旅游者，并在吸引外部投资等方面起了巨大的作用。这一切可以表明，高层建筑在一定程度上确实能够体现一个国家、一个地区或一个城市的竞争力。

然而，高层建筑又具有明显的弊病，这也是导致对是否发展和如何发展高层建筑存在不同意见的原因。高层建筑的主要问题是：在聚焦人群的同时必然会引入大量车流和物流，使城市交通更加拥堵。高层建筑所在的区域噪音大，空气污浊，还会产生明显的热岛效应。高层建筑建造费用高，运营费用高，能耗大。高层建筑的内外环境也很难让人满意，高层住宅中，交流空间少，高层写字楼的外环境中公共性空间少，社会福利性的、无赢利的公共空间尤其得不到重视，许多高层建筑的外部空间都用围栏等与外界相隔离。高层建筑身躯庞大，往往具有藐视一切、唯我独尊的神形，以致使城市尺度变形，使街道、广场失去亲切感。从审美角度看，许多高层建筑，出于竞争要求，不仅争高度，还追求奇特的造型，以致形成各自为是的局面，严重损害了高层建筑的群体美，更难于形成优美的天际线。

总之，从城市和地区看，高层建筑具有值得肯定的美学价值，其高低错落的建筑群体、形态各异的单体，确实能够给人带来特殊的审美感受。需要注意的是，要从设计理念、创作手法和技术上，进一步提高设计品质，注入更多文化内涵，更加注重群体效应，在融入高科技的同时，赋予更多的情感。

第九章 建筑环境艺术中的哲学论题

建筑环境中，蕴含着大量的哲学观念，如人生观、宇宙观、环境观和审美意识等。这些哲学观念，一方面在人们的不经意中，渗透至建筑环境，另一方面又通过设计师有意识地注入建筑环境。由此可见，建筑环境乃是特定哲学观念的物化。

英国著名建筑评论家罗杰·斯克鲁登在其《建筑美学》中指出：建筑艺术与建筑美学问题"实际上是一个哲学问题"，此论极是。他的这一观点，不仅为许多学者所接受，也为中外建筑环境的发展所证明。就拿中国传统建筑环境来说，其艺术风格和形式等，除与功能、材料、技艺等相关外，在很大程度上就是中国固有思想观念、伦理道德、自然观、宇宙观和审美观的真实反映。

建筑环境中的哲学观念，可以转化为多个论题，如形式与内容、技术与艺术、理性与情感、理想与现实、传统与现代、物质与精神等。本章将摘其要者进行分析。

一、实用与审美

建筑环境属实用艺术。实用与审美的关系自然也就成了建筑环境首要的和重要的哲学论题。

前已论及，"实用"有"能用"和"好用"两层意思。一把椅子可供人坐，是为"可用"或"能用"，如果还能让人感到安全和舒适，则达到了"好用"的程度。"可用"之物的材料、结构等必须符合科学原理，人们常把这种状况叫作"合规律性"，并简称为"真"。"好用"之物必须符合人的生理需求和心理需求，具备"合目的性"。这种"合目的性"人们常常简称为"善"。于是，实用与审美的关系，也就成了真、善与美的关系。

实用与审美的关系可以从以下几个方面进行分析：

（一）实用与审美是两个不同的概念

作为审美客体的建筑环境是否具有审美价值，关键要看它能否给作为审美主体的人以美感。

美感不同于快感。美感是一种包括认识、意志、情感在内的心理过程。它超越了由于感官刺激而带给人们的快感，具有明显的精神愉悦性。美感是一种特殊的情感活动，它由事物的形象引起，是形象让人"赏心悦目"、"心旷神怡"的那种情感反应。

快感与美感不同，是由人们的生理需求和认识需求得到满足而引起的。而引起这种满足的往往就是上述的"可用"和"好用"。

广场的铺装可能因为材料较好、工艺优良而平整，让走在其上的人们感到舒适和安全。这是生理上的满足，这种满足可以使人产生快感而非美感。如果这一实用的广场铺装，还能由于形状、比例、色彩、图案、地质地等原因，引起人们的愉悦，就表示人们已经有了美感。西安某广场在地面铺装中嵌入了刻有唐诗及传统图案的石板，这就使广场在具有实用价值的同时，具有了审美的价值（图 9-1）。

图 9-1 广场铺装

再以指示牌为例，指示牌是建筑环境中的小品，既见诸于室内，也见诸于室外。如果指示牌指引正确又清晰可辨，可使彷徨者由于它的存在而辨清方向或找到去处，它便满足了人的认识需求，人们也可以因为得到这种满足而产生快感。进一步说，如果这个指示牌还具有良好的形象，即形状、比例、色彩和文字都十分"好看"，那它就有可能引起人们精神上的愉悦，从而也就成了审美的对象，给人以美感。

总之，实用满足的是人的生理需求和认识需求，实用可以给人以快感，但不一定给人以美感。审美满足的是人的情感需求，它由对象的外部形象引起，涉及人的心理过程中的情感过程。

（二）实用是审美的重要前提

实用的建筑环境不一定都是美的，但美的建筑环境则应是实用的，至少是无害的。

审美，不能完全脱离功利的目的，不能与功利毫不相干。在动物园里，人们可以隔着笼子或坐在观光车里欣赏色彩绚丽、纹饰斑斓的金钱豹，但如果在草原上偶遇金钱豹，许多人大概都要逃之夭夭，而不会静静地欣赏其美了。

灯具的主要功能是照明，如果灯光十分刺眼或特别昏暗，让人睁不开眼睛或看不清东西，人们便无法也无心去欣赏其美。指示牌的功能是指引方位，让人们可以顺利辨清方向和找到去处，如果字体过草或写错了，便失去了作为建筑环境要素的意义，也不会引起人们的愉悦。有些时候，一些有害之物的外部形象也能

131

让人感到美，如某些有毒的树或有毒的花也会具有美的形状和颜色，但从建筑环境设计的角度说，无论如何，这样的树与花是不能作为建筑环境的要素纳入总体环境的。

指明实用是审美的前提条件，不是说实用的建筑环境就理所当然地具备了审美的条件，因为即使是实用的建筑环境，仍须进行艺术加工和处理。墨子有"居必常安，然后求乐"的说法。其"求乐"中的"求"字，极为贴切。它表明，人们对建筑环境具有欣赏的欲望，但这种欲望又必须靠"求"来实现，即需要主动地追求和创造。建筑环境是由物质材料构成的，但绝不是物质材料简单地堆积。要使建筑环境具有审美价值，必须按着美的法则进行艺术加工，让它具有令人赏心悦目的形式。

总之，实用是审美的重要前提，或称先决条件，但并非充分条件。

（三）关于实用与审美孰先孰后的问题

关于实用与审美孰先孰后的问题，应从几个不同的角度进行分析：

1. 从需求动机看，实用先于审美

人有多种需求，但归纳起来无非是两大需求，即物质需求与精神需求。人要生存首先要解决温饱问题。于是，他们必须先制造一些工具，诸如石斧、棍棒、长矛等，而这些工具又必须符合"可用"和"好用"的要求。

这就是说，先人们所以要制造工具，首要目的是为了实用，而不是为了欣赏，更谈不上是创作艺术品。

建筑被黑格尔称为"最早诞生的艺术"，车尔尼雪夫斯基也说："艺术的序列通常从建筑开始，因为在人类所有各种多少带有实际目的的活动中，只有建筑活动有权力被提高到艺术的地位。"[1]然而，尽管如此，人类从事建筑活动的初始目的依然是源于实用，即"避寒暑，抵风雨、御虫害"，而不是为了达到"悦目"、"赏心"等审美的目的。

俄国早期马克思主义美学家普列汉诺夫力主"实用先于审美"。他没有具体分析人类的建筑活动，而是通过原始人使用石器、妇女佩戴首饰和青年人纹身等例子，说明"实用先于审美"的观点。他明确指出："如果我们不懂得下面这个意思，那么我们将一点也不懂得原始艺术的历史：劳动先于审美"。他进而表示："人们最初只是从功利观点来观察事物和现象。只是后来才站到审美的观点上来看待它们。"[2]

中国古代哲学家对建筑实用与审美的关系也有类似的论述。二千多年前的墨子就曾指出："食必常饱，然后求美；衣必常暖，然后求丽；居必常安，然后求乐""先质而后文，此圣人之务。"[3]墨子的观点表明，建筑也要"求乐"，但第一位的是"求安"，即供人安全地居住。所谓先质而后文，即先实用而后美观。

在肯定人类从事建筑活动的动机首先是实用，即实用先于审美的同时，也有不少学者提出人类从事建筑活动还有另外一种动机，即崇拜。世界的不少地方，如北欧、西欧、北非、印度等都有所谓的"巨石建筑"。它们或成石柱，或成"环石"，或成"石台"，都没有什么"遮风避雨"的意义。法国的一些地方，有由千余块巨石组成的列阵，横向十几排，绵延三千英尺，呈现出极为壮观的景象。人们不禁要问，先人们何以要建造如此这般的"建筑"？看来不是出于"实用"上的需求，而是出于精神上的需求，即出于崇拜意识。

把先人们所建造的茅屋与石阵相比较，前者可以看作是人的"物质庇护所"，后者则是人的"精神庇护所"。

与"巨石建筑"性质相似的还有一些其他的"建筑"，如图腾柱、方尖碑和记功柱等，它们也都没有实用价值，而只有精神价值。由此可以看出，人们从事建筑活动的初始目的，除与物质方面的"实用"有关外，也与精神方面的"实用"有关系。

2. 从美感的形成看，实用与审美基本上是同步发生的

从人们从事建筑和其他造物活动的动机看，实用在先，审美在后。但人们会在建筑和其他造物活动中获得美感。从这个意义上说，实用和审美基本上是同步发生的。

古人在打造石器时，会产生光滑、匀称等概念；制造标枪、弓箭时，会产生平直、弯曲、对称、均衡等概念；建造茅屋时，会产生关于方形、圆形、矩形、直线、曲线以及集散、整齐、统一等概念。如此下去，人们便会自觉追求美的造型，并从中获得审美经验。在这个过程中，实用功能与审美功能交织在一起，很难分清谁先谁后。由此，可以认为，从美感的形成看，实用和审美大体上是同时发生的。

3. 从欣赏的角度看，实用和审美的次序有多种可能

第一种可能是实用先于审美。人们从酷热的室外进入有空调的大堂，首先感到的是舒适，在此之后，才有可能关注大堂的造型，从而进入审美的状态。

第二种可能是实用与审美同时发生。人们进入一个照明效果和灯具造型俱佳的场所，既感到光线适度，又发现灯具很美，从生理和心理上同时获得满足，是实用功能与审美功能同时发生的例子。

第三种情况是审美先于实用。人们远远地看到一幢建筑及所属庭院，顿觉造型、色彩、质地养眼怡神，便是进入了审美的状态。但此时的他，也许还不清楚这幢建筑及所属庭院的实际功能和功效，这是审美先于实用的例子，也是形式美具有相对独立性的表现。

（四）关于实用与审美孰轻孰重的问题

建筑环境的功能与性质不同，物质属性与精神属性的强弱也不同。一般地说，精神功能要求高的建筑环境，审美要求高；精神功能要求弱的建筑环境，审美方面的要求会低一些。这里所说的高与低，主要是指对意境美与意蕴美的要求有高低，至于形式美则是任何一个建筑环境都必须具备的。

文艺复兴时期，意大利著名建筑理论家莱昂·巴蒂斯塔·阿尔伯蒂关于建筑环境的实用性与审美性的关系作过极为直白地表述，他说："所有的建筑物，如果你们认为它很好的话，都产生于'需要'，受'适用'的调养，被'功能'润色，'赏心悦目'在最后考虑"。他还进一步说："我希望在任何时候，任何场合，建筑都表现出把实用和节俭放在第一位的愿望。甚至当作装饰的时候，也应该把

它们做得像是首先为实用而做的。"[4]

阿尔伯蒂的论述强调了实用的重要性，并把关于实用和审美的考虑排成了第一、第二的顺序。其积极意义是让人们重视实用，但也容易使人产生错觉，以为审美是次要的。事实上，从建筑环境设计角度看，设计师应始终兼顾实用与审美，并且在进行构思时同时考虑，而不是按着此先彼后的顺序。

二、形式与内容

形式是事物的形状与结构，内容是事物内在要素的总和，包括内在的矛盾运动和由此决定的属性。形式与内容的关系是所有艺术的基本问题，自然也是建筑环境艺术的基本问题。

（一）形式与内容的关系

从哲学的角度说，内容决定形式，形式服从于内容，并对内容有反作用。

美的事物，形式与其表达的内容应该协调一致，交融无间，浑然一体。但对于自然美、社会美和艺术美来说，形式与内容的关系又有一定的差别。自然美侧重展示其形式，社会美侧重表现其内容，艺术美则强调两者的统一。

自然美往往以形式取胜，人们欣赏自然美在很大程度上就是欣赏自然物或自然现象的形式美。这种形式美，以自然物的形状、色彩、质地、光影、声音等为基础，以大小、明暗、粗细、刚柔等可感形式呈现在人们的面前。如果这些可感形式的组合符合形式美的基本法则，它们就会以完美和谐的形象作用于审美主体的感官，带给审美主体愉悦的感受，甚至达到情景交融的境界。在这一审美过程中，审美主体不大关心客体的内容，就好比欣赏一具太湖石，人们主要是欣赏它的可感形式，如大小高低，特别是"瘦、漏、透、皱"的轮廓和面貌，而不怎么关心它的成分、密度和用途。人们欣赏行道树的情况也如此，关心的主要方面是树的高低、大小以及花的颜色、枝叶的疏密、树干的曲直等，而不大关心它是否可以用来造纸、建房，还是只能当柴烧。

社会美是现实社会生活中的美，主要审美对象是人而不是物。社会美主要表现为真善美的统一，而不主张真善与美相脱离。在欣赏社会美的时候，特别是审美客体为某个具体人的时候，人们固然也很关心他的身材和长相，但往往更加看重他的人格、精神、意志和品德。人们常常提到的仪表美、语言美是外在美，心灵美则是内在美。"最美教师"、"最美护士"、"最美村官"之美，指的就是内在美。有些社会现象如邻里和谐、家庭和睦等，也属社会美，就层次而言，也是内在美。

社会美应该反映美与真善的统一。真的本意是合规律性，善的本意是合目的性。但社会生活中的真与善大都与伦理道德相联系，真更多地被看作真诚和真实；善更多地被看作善良和善意。如果人的言谈举止饱含真诚和善意，达到了表里如一、言行一致的高度，自然就表现为值得称颂的社会美。反过来说，只有鲜靓的外表而内心污浊，就是形式与内容脱节，其外表也很难得到人们的认可。由此可知，社会美不同于自然美，虽然也重形式，但更重形式背后的内容。

艺术美是形式与内容的统一。这是因为，艺术家可以通过加工、提炼和再创造，使自然美和社会美表现得更集中，更典型，更有个性，从而也就更有审美的价值。形式好，但内容单薄甚至庸俗的艺术作品不是好作品；内容好，但形式粗糙的艺术作品，同样不是好作品。因为再好的内容如果没有好的形式传达给欣赏者，欣赏者也很难受到感染和教育。

在中国传统美学中，关于形式与内容的基本观点是两者应该相统一，"美善相乐"、"文质彬彬"等观点就最有代表性。"文质彬彬"的说法，源于孔子。其中之"文"指文饰与装饰，其中之"质"指本质、品质和功能，"彬彬"指两者应该和谐统一，取得相得益彰的效果。这是一种不偏不倚的观点，既不是"文胜质"，也不是"质胜文"。正像孔子进一步指出的那样："质胜文则野，文胜质则史"，意思是质如胜文，会显得粗陋；文如胜质，会华而不实。

上述观点针对的是社会美和艺术美，但也从总体上反映了中国古代思想家关于形式与内容关系的基本看法。

（二）关于形式与内容的关系的争论

历史上，关于形式与内容的关系，曾有不同的看法，甚至有过尖锐的论战。下面，以建筑环境为线索，对一些典型的看法作一个简要地梳理。

推崇形式而忽略内容的理论和实践，在古典主义建筑时期，得到了充分的体现。17世纪，古典主义盛行，此时的建筑理论家，大肆宣扬"美产生于度量和比例"，他们"用以几何和数学为基础的理论判断完全代替直接的感情的审美经验，信任眼睛的审美能力"，"致力于抢救先验的、普遍的、永恒不变的、可以用语言说得明白的建筑规则"。他们推崇柱式，推崇古罗马建筑，其"抽象的教条主义使他们不能联系历史的、技术的和其他的具体条件去认识建筑艺术"，他们"否认建筑艺术对现实的反映，以无内容的构图代替生动的艺术创造，为形式主义创造理论借口。"[5]成立于1671年的法国巴黎皇家建筑学院，以研究和传承古典建筑为己任。他们把古希腊、古罗马建筑造型中的数字关系奉为金科玉律，形成了崇尚古典形式的学院派，统治西欧建筑长达200余年，把建筑中的形式主义推向了前所未有的高度。

法国资产阶级革命时期，古典主义受到尖锐的批判，此时兴起的启蒙主义理论家，质疑几何比例的绝对意义，批判古典主义对于自然的冷漠、对于情感的冷淡。但此时，学院派的势力依然很大，在欧洲仍有较大的影响。

与古典主义学院派形成尖锐对立的是功能主义学派，路易斯·亨利·沙利文是这一学派的代表，他明确提出"形式追随功能"的口号，认为"功能不变，形式就不变。"在他看来，建筑设计必须采取由内及外的方法，外部形式必须与功能相一致。他特别强调，满足功能需要是建筑设计的首要任务。

功能主义思潮在20世纪20～30年代风行一时，对现代主义的发展起了重大的推动作用。但由于功能主义过分夸大功能的作用，忽视甚至无视形式的意义，同形式主义一样，损害建筑的发展，以致连勒·柯布西耶也终于与其分道扬镳了。

（三）建筑环境艺术的形式与内容

建筑环境艺术与纯艺术相比，情况相对复杂。一是构成要素繁多。既有建筑实体，又有人造物、自然物和艺术品。二是涉及内容广泛。既涉及功能，又涉及经济、材料、结构、技术、地形、地貌及思想观念。因此，建筑环境的形式与内容往往不能简单地用"统一"或"不统一"加以概括。

建筑环境属于艺术，按着艺术创作的一般原则，应该寻求和做到形式与内容的统一。然而，建筑环境又是一门特殊的艺术，内容极多，外在形式很难全面地反映方方面面的内容。这就使建筑环境的设计者，往往会在满足一般要求的前提下，让形式侧重表现内容中的某一部分，而把内容中的其他部分置于次要的地位。

建筑环境的内容大致包括以下几个部分：观赏价值、实用功能、物质条件、经济因素、生态意义和思想观念。其中的思想观念又涉及世界观、人生观、价值观、审美观以及伦理道德等。

下面，结合一些实例，具体地阐述建筑环境的形式可以从哪些方面反映内容及如何反映内容：

1. 图形层面

建筑环境的要素与整体，特别是其中的建筑实体，各有不同的形状。这些形状是审美客体的重要特征，是最能引起感知和注意的形式因素。建筑环境的要素和整体究竟以什么形状出现，是正方体、长方体、球体还是锥体，往往为欣赏者们所关注，故设计师也多在它们的形状上下功夫。现代主义建筑的"方盒子"、中国解放初期流行的"大屋顶"、改革开放后曾经流行的"欧陆式"，都曾红极一时，当然也遭受了猛烈的批评。当下的建筑环境，有逐渐多元化的趋势，并由此出现了许多过去难得一见的形状，如号称"双润砾石"的广州歌剧院，号称"小蛮腰"的广州电视塔和半球形的国家大剧院等。诸如此类的形状，有些在表达特定的思想，有些则是表达它自己，也就是"为了形式而形式"。由美国建筑师弗兰克·盖里设计的西班牙毕尔巴鄂古根海姆博物馆就是一个典型的例子。

毕尔巴鄂古根海姆博物馆以钛金属饰面，由众多曲面体块组成，其形体和色彩包含着绘画、雕塑和音乐方面的元素。它是一个纯形式的建筑物，也是一座发光的雕塑。平面、立面等没有什么逻辑关系，但都有令人瞩目、令人震撼的效果。从形式与内容的角度看，该博物馆的形式与内容没有紧密的联系，但也没有对内容造成损害。这是因为，该建筑的主要功能是展示艺术品，不规则的平面对布展不会产生过多的不良影响。更重要的是，该建筑本身就是一个审美价值极高的展示品。

毕尔巴鄂古根海姆博物馆的经验告诉人们，某些时候可以强调自由形式，但应该以不损害内容为原则。

建筑环境中有不少物质功能较弱的要素，如抽象雕塑、抽象绘画、假山、奇石等。从造型看，都有追求自由形式的倾向，应用这些要素的主要目的是增加建设环境的观赏性。

2. 物质层面

建筑环境的形式可以强调对于物质因素的表现，包括对于色彩、质地、技术、结构和空间的表现。这些物质因素可能蕴含某些精神意义，但审美主体最先被吸引和关注的往往还是物质层面的东西。

1）强调表现色彩

建筑环境中的自然物十分丰富，湖光山色、红花绿草、朝阳晚霞、蓝天白云等，不仅五彩缤纷，还极富变化。建筑环境中的人造物与艺术品可与自然物相互映衬，如蓝蓝湖水与其上的白色拱桥、浅灰墙面与其上的绿色爬藤，都能相互映衬，取得相得益彰的效果。

色彩与形状都是能够迅速引人关注的造型要素，"形形色色"之说，就足能表明形与色在审美中的特殊地位与作用。

建筑环境的色彩，可以被看作"纯形式"。但这种"纯形式"又往往蕴含某种特定审美趣味，有时还与时代、民族、地域、社会意识等相联系。以中国传统建筑环境为例，皇家建筑绿瓦红墙、赤柱黄顶，绚烂多彩、金碧辉煌，可以彰显皇家的权势、财富以及高高在上的地位。江南民居粉墙黛瓦，则可彰显江南人质朴、含蓄的性格。

总之，创造浓妆或者淡抹、绚烂或者素雅、妖娆或者朴实的色彩效果，是形式反映内容的有效途径之一。

2）强调表现质地

不同的材料具有不同的质地，它们或松或紧，或细或糙都是创造形式美不能忽视的因素。

日本建筑师安藤忠雄设计"光教堂"时，大量使用清水混凝土；日本建筑师隈研吾在设计长城公社中大量使用竹子；北京"水立方"以四氟乙烯膜作维护结构，都是由于所用材料具有特殊的质地而为环境增添了更多的魅力。

哥伦比亚建筑师西蒙维列是使用竹子的高手，他认为竹子可以使环境更柔和、更亲切，还可以减少地震的危害，更加符合节能减排等生态方面的要求。他利用经过防虫、防裂、防腐处理的竹子建成的汉诺威"零排放"展览馆，形象别致，是用新的形式反映新的理念的实例。位于美国加州惠蒂尔一个公园内的一座教堂以木材为主材，也是以材取胜的佳作（图 9-2）。

彩图 15 显示的是另一个富有魅力的木构建筑。

强调表现材料的质地，不仅能够使形式给人以冷、暖、软、硬等不同的感受，还能表现其他的意义，如地方材料可以较好地体现地域特点，现代材料可以较好地表现建筑环境的时代特征等。

3）强调表现空间

空间是建筑环境艺术独有的要素，空间美是建筑环境形式美的一种特殊的表现形态。

空间是虚空的，界面是实在的。巧妙利用界面围合与分割空间，可以创造或方或圆、或大或小、或高或低、或封闭或开敞的多种空间形式，还可以将多个空间组合起来，成为一个完整的体系。

图 9-2　木结构的表现力

　　传统建筑环境的空间，多数是静态的。在创造开敞空间、动态空间和实现内外空间的渗透方面，巴塞罗那博览会的德国馆具有开创的意义。

　　密斯·凡德罗 1929 年设计的巴塞罗那博览会的德国馆，以钢、玻璃和大理石为主要材料，用几个细细的钢柱支撑屋面，为形成自由空间从材料和结构方面创造了条件。由此，设计者便将建筑从六面体中解放了出来，让空间得以自由发展，实现了真正的流动（彩图 16）。该馆是实现空间流动、内外沟通的典范，对之后的建筑环境设计产生了极大的影响。

　　今天的建筑环境，无论是内环境还是外环境，都有大量的开敞的、流动的内外沟通的空间，它是一种"形式"，可以被人们欣赏，也是一种"内容"，可以为人们提供新的生活方式。

　　4）强调表现技术

　　这里的所谓技术，包括结构、工艺和设备等。技术也是建筑环境的内容，也是形式所能表现的对象。古代建筑环境有的侧重表现结构体系之美，有的侧重表现砌筑工艺之美，有的侧重表现雕刻技艺之美，都曾给人带来极大的精神享受。现代建筑环境以高科技为支撑，更容易从技术层面显示建筑环境的感染力。曾经流行过的所谓"高技派"或"重技派"就是想通过表现技术，形成所谓的技术美，用以体现现代建筑环境的特色。在这方面，巴黎蓬皮杜文化艺术中心是一个极其典型的例子。

巴黎蓬皮杜文化艺术中心的功能包括四部分，即公共图书馆、现代艺术博物馆、工业美术中心和音乐与声响研究中心。这四大部分及其附属设施被安排在一个六层大楼内。大楼长 116m，宽 44.6m，每层高 7m。整个建筑由 28 根圆形钢管柱子支撑。该楼的内部没有一根柱子和固定的墙体，空间全用活动隔断、家具、栏杆等分割和围合。建筑的梁、柱、桁架、各种管道和自动扶梯全部暴露在建筑的外部，管道按功能涂着不同的颜色。按设计师之一的理查德·罗杰斯的说法，他的设计理念是"建筑物应该设计得使人在室内和室外都能自由自在的活动。自由和变动的性能就是房屋的艺术表现。"对于蓬皮杜艺术文化中心，一直有褒有贬，但它无疑已经成为巴黎的标志之一，并以空间的多变性满足了功能方面的要求。蓬皮杜文化艺术中心是强调技术的实例，是突出形式自身的实例。它以多变的空间和全新的技术创造了一种特殊的形式，不论这种形式是否能够为你我所接受。彩图 17 是它的一个过渡空间。

5）强调表现实用功能

现代主义建筑强调实用，大呼形式服从功能，其实就是要用"方盒子"、"国际式"这样形式满足实用要求，并突出功能、技术、经济的重要性。从一个侧面看，现代主义建筑确有出现和存在的理由。但从建筑环境的本质看，"方盒子"、"国际式"则必然会遭到后来的批评。因为建筑环境的内容不仅只有实用，还有其他的内容，如满足人们的精神需求等。"方盒子"和"国际式"最多只是符合实用要求的形式，而不是符合建筑环境全部要求的形式。这表明，建筑环境内容的某一个方面可以被强调，但不能因此而否定和损害其他内容，否则，就会表现为片面性和极端性。

3. 精神层面

建筑环境的形式可以侧重表现精神方面的内容：

1）强调表现形式美的基本原则

强调表现形式美的基本原则，可以理解为强调形式本身，但许多形式又可以表现一定的思想内涵，特别是形成某些特殊的气氛。

始建于 1163 年的巴黎圣母院，是早期的哥特式建筑。其立面以垂直划分为主，又有水平划分作联系，中央有直径 13m 的圆形玫瑰窗，左右完全对称，构图十分完整。巴黎圣母院是法国哥特式教堂的代表，也是古典构图法则的典范。巴黎圣母院从形式到内容都很感人。从立面上看，设计者无疑是在突出古典构图之美，即淋漓尽致地展现符合构图法则的形式美。与此同时，他又通过这种完美的形式，让环境充满了庄重、严肃、崇高的气氛。

2）强调形式的象征作用

位于浙江平湖的李叔同（弘一大师）纪念馆，坐落在湖水之滨，建筑主体采用了莲花形。莲花，有圣洁之意，是佛教中常用的图形。用于大师纪念馆，既能体现大师的佛教背景，又能象征他宽阔的胸怀、高贵的品格和持戒严谨、淡泊无欲的精神境界。在这里，莲花的样子是形式，莲花所象征的意义是内容。形式与内容达到了高度的统一。

3）强调对于地形地貌的尊重

敦煌石窟研究保护展览中心是为了保护千佛洞和研究、记录、保护石窟壁画而建造的。建筑利用丘陵地形，把大部分展览空间设在地下，既保护了已有1700多年之久的历史环境，也保护了当地的自然景观。中心的外墙用当地的砖砌筑，地域特征明显。入口处设计了汉阙式样的标志。整个建筑环境既与中心的功能相贴切，又以平易近人的姿态，彰显了对于地形地貌和敦煌石窟的尊重（图9-3）。

图 9-3　敦煌石窟研究保护中心

弗兰克·劳埃德·赖特是"有机建筑"的倡导者。"有机"一词具有丰富的内涵，从自然环境的角度说，就是要与大自然相和谐，让建筑就像从自然中生长出来似来。赖特主张"有机"，也实践了"有机"，流水别墅及赖特自己的住宅兼工作室东塔里埃辛和西塔里埃辛都是建筑与自然有机融合的实例。

流水别墅位于匹兹堡市的郊区，它背崖临溪，依山就势，凌空飞跃，参差俯仰，内外交融，充分表现出建筑与自然相伴而生的意趣（彩图18）。该别墅以钢筋混凝为主要材料，出挑深远。起伏凹凸的片石墙与山岩的纹理相映相通。内部地面用片石砌筑，壁炉前使用天然石块，大有洞天福地的意境。

流水别墅的形式无疑是令人赞叹的。但这形式之所以令人赞叹，并不仅仅由于它纵横交错，姿态生动，更主要的是因为它与所在地的地形地貌结合得天衣无缝，与自然环境实现了高度的统一。

4）强调关于人文意识的表达

建筑环境既能反映人的意愿，人的意愿也能物化在建筑环境中。中国古代的文人墨客常常追求"深柳读书"、"梨花落院"、"红梅绕屋"、"竹树围庐"的境界，希望在如此这般的建筑环境中享受闲适平淡的生活，此类建筑环境反映的就是一种人文意识。

5）强调对于历史文化的尊重

由吴良镛设计的曲阜孔子研究院，在寻求形式与内容统一方面做了有益的探索，也是一个取得成功的实例。

140

孔子研究院的主要建筑包括博物陈列馆、图书资料馆、大小讲堂、会议室和研究管理用房五部分。是一座具有多种功能的文化建筑，也是一处具有纪念性、文化性、群众性和可供参观浏览的建筑环境。

由于孔子以及儒家思想在艺术思想史上具有重要的地位，孔子研究院的物质功能和精神功能都十分明显。因此，赋予该建筑环境怎样的形式，以充分表达建筑环境的内涵，便成了十分重要的课题。

孔子研究院的总体采用"九宫格"式的布局。"九宫格"的中心为中心广场，由主体建筑、报告厅、东门、长廊、牌坊等围合而成，体现的是儒学中"礼"、"序"等思想。

主体建筑以"高台明堂"为原型，把图书阅览室、书库等置于一层的平台之上。博物馆则吸取"明堂"的形象，立于高台的中部，隐喻着中国古代筑高台以招贤纳士的意义。

主展厅内有一上下连通的共享空间，下立一组群像，其后的壁画为其衬托。雕像的内容是孔子与四位弟子畅谈人生哲理，突出表现了孔子为人师表、谆谆善诱的品格。壁画的内容取意"山高水长"，"四时行焉"，"百物生焉"，隐喻的是孔子的"仁"、"德"。

外环境设计从古代书院吸取灵感，东院以理水为主，结合地势，塑亲水景观，借以表达儒家思想源远流长之意。西院以掇山为主，与东院相呼应，共同表达"仁者爱山，智者爱水"的思想内涵。

综观孔子研究院的总体布局、建筑实体和内外环境，不仅有一个完美、和谐的形式，还充分地表达了环境的内容。体现了"功能是第一位的，灵活性是本设计的第一原则"、"创造欢乐的圣地感"、"以'隐喻'表达中国文化内涵"和"发扬中国画卷的美"等设计理念。[6]

孔子研究院的形式与它所表达的内容是统一的，它所强调的内容是中国的传统文化，特别是儒学的基本思想与观念。

正面宣扬历史文化，是对历史文化的尊重，在重要的历史文化性建筑环境面前保持谦逊的态度，也是对历史文化的尊重。

巴黎卢浮宫是一座圣殿，而非普通博物馆，如何在改建、扩建中，不伤害已有建筑环境的氛围，自然是一个十分重要的课题。贝聿铭设计的玻璃金字塔，以透明的玻璃为材料，底面积只有庭院面积的三十分之一，高度只有卢浮宫的三分之一（20m），体现出来的就是一种谦逊的态度。在这里，新建部分不仅不与原有建筑争高低，不仅没有伤害原有建筑，还能通过玻璃镜面反射原有建筑，丰富原有建筑，使新建筑自觉处于"弱势"地位。

建筑环境的形式能够表现的内容多种多样，上述几例只是其中的一部分。然而，即使如此，我们也可以从中得出这样的结论：建筑环境作为艺术，应该力求使形式与内容达到完全的统一。但是，由于建筑环境要素繁多，内容丰富，建筑环境的形式所表达的内容，往往有隐有显，甚至会受到一定的局限。因此，建筑环境可以从自身的功能和性质出发，强调表现某种或某些内容，而这样做的前提是满足建筑环境的基本功能，至少不与其他内容相抵触，尤其是不能使基本功能受损害。

形式与某些内容统一，但又与其他一些内容相矛盾的例子不在少数，著名的悉尼歌剧院就是一个典型的例子。

澳大利亚悉尼歌剧院是一处大型的文艺演出中心，建于悉尼港内一块凸出海面的地段上，东西北面临水，南面面对植物园，是由丹麦建筑师约恩·伍重设计的。在1955年举行国际竞赛中，伍重的设计方案被选中，工程于1959年动工，1973年完工，2003年伍重因此而获得世界建筑的最高荣誉"普利兹克奖"。评审团在评语中说："伍重设计了一幢超越他的时代的建筑物，远远领先于可以运用的技术，并且，他为设计一幢改变了整个国家的形象的建筑，承受住了非同寻常的攻击和负面批评"。现在，悉尼歌剧院已被联合国教科文组织列入世界遗产名录，成了悉尼乃至澳大利亚的名片。彩图18显示的是悉尼歌剧院的内景。

悉尼歌剧院是成功的，它设备完善，使用效果优良；造型错落有致，能引发人们诸多联想，成了国家生机勃发的象征；临水而建，白色的壳体宛如海上的船帆，又如一簇盛开的莲花，在蓝天、碧海的映衬下，婀娜多姿，成了悉尼城的标志。可见，悉尼歌剧院的形式已经很好地体现了它的基本内容，也是一个绝好的审美对象。

那么，评审团评语中所谓的"负面批评"指的是什么呢？回顾一下悉尼歌剧院的建造过程，就可以知道，这"负面批评"主要是指它大大超出了预算和工期。歌剧院的预算是720万澳元，实际花费是1.02亿澳元，超过预算14倍。歌剧院的工期原定是3年，实际建了14年。从相关资料上看，工程超支和超时有多方面的原因，不能都算在伍重的头上。但也不可否认伍重坚持采用的壳体缺乏技术上的合理性，给设计和施工带来极大困难，是工程超支和超时的一个重要原因。

可以这样说，悉尼歌剧院的形式与作为主要内容的整体环境、物质功能和精神功能是统一的。但作为重要形式的那几个直立的壳体，却与作为内容的结构和技术相矛盾。正是这一矛盾产生了负面影响。因此，人们有理由赞赏悉尼歌剧院的巨大成功，也不应忽略它留下的教训。

三、传统与现代

传统与现代的关系是建筑环境设计乃至所有艺术创作共同面临的哲学论题。论题的重点是：什么是传统，传统的意义是什么，在建筑环境设计和其他艺术创作中如何正确处理传统与现代的关系。

（一）传统的形成与构成

传统是世代传承并富有特色的社会因素，如文化、道德、思想与制度等。它概括了人类文化活动的方式、过程、产品及价值。

传统是文化的伴生物，是历史对于文化的认可。

人类在发展进程中，经历过许多偶然的、特殊的、个别的事变。这些事变，经过时间的选择，有的被淘汰，有的被传承，并进一步浓缩、积淀，具备了必然性、普遍性和一般性，这些事变便是所谓的传统。

与一般传统一样，建筑环境中的传统也是由三个不同的层面构成的：一是物质层面，包括功能、材料、技术、结构和设备等；二是精神层面，即蕴含在建筑环境中的精神内涵，如思想、观念、意志、意愿和思维方式等；三是物质与精神结合的层面，如建筑环境中的制度与规范等。上述三个层面，也可分别称为物的层面、心的层面及心物结合的层面。

探讨建筑环境的传统，有两个需要特别强调的问题，即传统具有丰富性，传统具有动态性。

第一，建筑环境传统具有丰富性。除表现为上述不同层面外，还表现为不同民族和地域各有自己的传统。

从民族看，不同民族各有自己的固有传统，但民族的概念往往又可细分为不同的层次。以中国为例，中华民族是第一层次，有自己独特的传统。但中华民族内，又有汉、满、回、维、藏、傣等五十六个不同的民族，他们同样各有独特的传统。

从地域看，中国作为亚洲的一员，其建筑环境与欧洲、美洲等地的建筑环境必然会有明显的差异。从中国自身看，南方与北方、东部与西部的建筑环境也会存在差异，即也各有自己的传统。

从建筑环境的服务对象看，同为中国传统建筑环境，却有两个截然不同的类型：一类是为帝王将相服务的"官式建筑"；一类是为平民百姓服务的"民间建筑"。这两类建筑，由于服务对象不同，规模、形制、形式、色彩、构造方法和审美追求相差甚远，以至研究中国传统建筑时必须分别从两个不同的角度着眼，在看它们的共同性的同时，着力看它们各有怎样的特殊性。

第二，建筑环境的传统具有动态性。传统中既有精华，又有糟粕；既有至今仍然鲜活、适用的，又有业已过时、落后、需要淘汰的。这是因为，社会在不断发展，生产方式、生活方式和审美观念在不断改变，许多过去有用的东西，今天没用了；许多曾经具有积极意义的东西，到今天已经成了具有消极意义的东西。

传统，作为历史的积淀，可能在很长时期里，影响一个民族、一个地区的发展，但作为其中的某些个别现象，同样会有一个形成、发展、式微和消亡的过程。如有些民族有在竹楼的堂屋架设火塘的习惯，并将其作为炊事活动和家庭成员团聚的中心。随着生活方式的改变，这一做法会逐步减少，建筑的空间布局乃至建筑的整体形态，也会或多或少地改变。

提倡发掘和弘扬文化传统，必须摒弃其中的落后东西，即使是一些有价值的文化传统，也要从当代的社会生活、技术条件和人们的审美观念出发，加以必要地改造。中国古典园林有皇家园林和私家园林之分，蕴含着丰富的、独特的造园理念、理论和经验，其总体布局、掇山理水、借景障景等理论和经验，对今天的园林设计和建筑环境设计都有借鉴的价值。但古典园林毕竟是为少数人服务的，诸如曲径通幽、小桥流水等做法，就很难直接搬至今天的校园、厂区等较大的外环境。

肯定传统的动态性不可否认传统的稳定性，也就是不可对传统采取一概排斥、一概否定、甚至报以弃之的态度。果真如此，建筑环境就会失去民族性、地域性，就会失去个性和多样性。有人否定传统的意义和作用，主张"反传统"或

143

"非传统",其实,即使是"反传统"和"非传统",依然摆脱不了传统。这就好比"传统"在南,"反传统"、"非传统"者决心往北,乍看起来,好像与"南"无关,实际上早就知道"南"在何方。

建筑环境的发展,完全可以说明:传统是现代的基础,现代是在传统的基础上发展起来的。

(二)传统的意义与作用

历史在不断发展,建筑环境也须不断创新。在建筑环境创新中,传统有可能表现为历史的惰性,即当人们向前看时,习惯性地让人们向后看,让人们不敢越雷池一步。当然,更多的时候,传统会成为创新的基础,为创新提供依据和条件。正像马克思在《路易·波拿巴的雾月十八日》中所说的那样:"人们创造自己的历史,但是他们并不是随心所欲地创造,并不是在他们自己选定的条件下创造。"应该看到,正是在学院派的基础上,产生了现代主义建筑;正是在现代主义建筑的基础上,产生了后现代主义建筑。

历史的发展是前后关联的,昨天是今天的传统,今天是明天的传统,只有对传统保持清醒的认识,才能正确地认识当下,开辟美好的未来。尊重传统不单单是为了满足人们的怀旧情绪,也不单单是为了满足某些人喜欢"古董"的心理。传统是一种生存的必需,只有保留传统的气质、氛围,人们才能不失掉关于历史文化的记忆,才能觉得自己的双脚是真真正正地踏在坚实的土地上。

对建筑环境来说,继承和发扬优秀的传统,可以保持历史的延续性,丰富环境的内涵,凸显建筑环境的民族特色和地域特色,让建筑环境从总体上呈现出百花争艳的局面。

在建筑环境设计中,传统的积极作用主要表现在以下几个方面:

第一,可以提供正确的设计理念和思路。如中国传统建筑环境设计中"虽为人作,宛自天成"的理念,"文质彬彬"的理念以及强调内外空间的变化与沟通,注重空间的开、合、虚、实及序列,重视建筑的群体组合与整体美,追求构图上的完整与稳定等理念。

第二,可以提供丰富的思想内涵。如中国传统建筑中注重人文、尊重自然的意识等。

第三,可以为人们提供喜闻乐见的要素与形式。中国传统建筑环境的要素十分丰富,造型、色彩和纹饰极有特点,其中的大部分,至今仍为人们所喜闻和乐见。如简练典雅的明式家具,造型别致的隔扇,特色鲜明的绘画、书法及内涵丰富的装饰图案等。这些要素与形式,具有很高的审美价值和深刻的寓意,有的可以直接使用,有的可以简化改造。如果用之得当,均能提升建筑环境的亲和力和感染力。

第四,可以提供具有特色的材料和技艺。传统材料往往就是地方材料,传统技艺则是世代传承下来的。恰当地使用传统材料和传统技艺,能够唤起人们的历史记忆,大大提升建筑环境的魅力和可以认知的程度。

第五,可以保留人们关于历史的记忆。2001年,广东中山市在粤中造船厂的旧址上,建成了一座市民休闲公园(歧江公园)。公园总面积为110000m²,其中有水面3600m²。规划设计者充分利用和改造了原有资源,如厂房、机床、龙门吊、变压器和铁轨等，实现了对原有资源的再利用。原有两个水塔，一个被去皮露骨，另一个被包裹和装修。这些有传统意义的环境要素，可以引发经历过那个时代的人们的回忆，可以给没有经历过那个时代的人们提供想象的空间。这种把历史传统与现代功能相结合的做法已经取得良好效果。其价值绝不是那些假古董所能比拟的。图 9-4 显示的是歧江公园内一由旧厂房改造而成的景观。图 9-5 显示的是荷兰鹿特丹市一座由炼钢厂的厂房改造而成的"工程师乐园"。加建的二层为办公室，通高的大厅为会议室。

图 9-4　由旧厂房改造成的景观

图 9-5　由旧厂房改造成的办公室

145

传统的作用不限于上面谈到的几个方面，但就是这些也足以表明，传统无论在显性方面，包括材料、工艺形式、装饰等，还是在隐性方面，包括设计理念、思路、原则等，都能为当代的建筑环境设计提供丰富的启示和经验。

（三）传统与现代的关系

"传统"不单是一种人们熟悉的"样式"，同样"现代"也不单是一种新颖的"样式"。现代建筑环境之所以"现代"，固然是因为它们涉及现代的材料、技术和设备，具有新颖的形式，但更重要的还是因为它们涵盖了社会的深层情感、人们的集体记忆以及在此基础上生发的对于未来的希冀。

在当代建筑环境设计中，正确处理传统与现代的关系就是要实现传统与现代的结合。对中国当代的建筑环境而言，看重传统不能被理解为"全面复古"。"全面复古"会导致时间上的错位。提倡现代也不能被理解为"全盘西化"。"全盘西化"会导致空间上的错位。实现传统与现代的结合，关键在"结合"。这是问题的重点，也是难点。其最终目的就是要使中国当今的建筑环境既是现代的，即有时代特点；又不失传统，即富有民族性和地域性。

为实现传统与现代的结合，大批建筑师和环境设计师曾经并正在进行有益和有效的探索。其经历告诉我们，为了达到"结合"这个目的，不同的建筑师和环境设计师往往会选择不同的切入点。即从不同角度，用不同方法，去解决大家共同面对的问题。

1. 从传统接近现代

我国建筑学家梁思成与林徽因，长期致力于中国建筑文化的复兴，在探讨中国建筑民族化的理论研究与设计实践中，付出了巨大的努力，取得了可喜的成就。他们的基本做法是：从中国传统建筑的实物和法式中，提取构成要素和构图方法，并在此基础上，进行必要的加工和整合。梁思成的设计语汇来源于中国传统建筑，特别是宋辽时期的建筑。梁思成主持设计的南京中央博物馆和一些部委大楼，已经逐渐现代化：材料、结构大体符合现代的标准，构图大致符合形式美的法则。

中国建筑师吕彦直是广州中山纪念堂的设计者。该纪念堂位于广州越秀山的南麓，平面为八角形，建筑面积为 $8300m^2$，是一座以钢架和钢筋混凝土为结构的宫殿式建筑。建筑的前部为重檐歇山顶，后部为八角攒尖顶，内部装修华丽，对后来的建筑设计有一定的示范作用。

梁思成、吕彦直的设计，都有一个"再造"过程。他们以中国传统建筑为基础，参考西方古典建筑的构图法则，使建筑形态具有明显的传统特征，但在功能、材料和结构等方面，又极力反映时代要求，可以说是从传统入手，向现代靠近的例证。

中国建筑师张镈，在研究中国传统建筑方面同样具有深厚的基础和功力。他设计的友谊宾馆、民族饭店等，在当时均为著名的案例。民族饭店高 12 层，建筑面积 $35000m^2$，在平面布局、建筑造型、色彩装饰方面，都已达到很高的水准。尤其值得一提的是，该建筑的细部处理极为精致，可以说已经达到炉火纯青的地步。

无论是梁思成、吕彦直，还是张镈，他们在实现传统与现代的结合方面，都已付出努力，并已取得可喜的成绩。但他们的努力和成绩并未给人们带来成熟的经验，其原因是他们的精力和思路大都集中在关于传统形式（式样）的直接把握和运用上。

中国传统建筑有两大分支：一是以宫殿、寺庙、陵墓为代表的"官式建筑"；二是以广大民居为代表的"民间建筑"。梁思成等在调查、测绘、整理、论证中国传统建筑时，接触了大量的官式建筑，为评价中国传统建筑提供了美学基础，为确立中国建筑在世界建筑中的地位，做出了卓越的贡献。但从另一方面看，他们的设计又为官式建筑所局限。他们从官式建筑中提取语汇的做法，使"中国风格"、"民族形式"始终摆脱不了大屋顶和斗栱，以致因此遭到批评和批判。与梁思成同时代的一位建筑师就尖锐地批评这些带有大屋顶的建筑是"穿西装戴红顶花翎"的、"不伦不类"的建筑。

与从官式建筑中汲取灵感和素材相反的是，从民间建筑汲取灵感和素材。我国建筑师陈植设计的上海鲁迅纪念馆就是一个很好的例子。上海鲁迅纪念馆，借鉴吸收了江南民居的特点，总体布局形成院落，外观为粉墙黛瓦，风格平易近人，与鲁迅的人格特点相一致，充分体现了陈植关于建筑必须从环境、群体、功能出发，体现民族和地域特点的理念。

我国当代建筑师王澍，是我国建筑师中获得普利兹克奖的第一人。他设计的宁波博物馆和中国美术学院象山校区，能够在如何实现传统与现代的结合方面为人们提供一些新的启示和经验。

宁波博物馆用了大量拆迁余下的"废料"，其外墙几乎都是用拆下来的旧砖，通过传统工艺砌筑起来的。建筑师希望用人们熟悉的材料和工艺，把人们可能和已经失去的记忆保留和恢复起来，让传统变得鲜活，而不是悄悄地死去。宁波博物馆是传统的，正像一位观众所说：她从博物馆中似乎看到了她家那幢老房子；宁波博物馆又是现代的，这不仅表现为它能满足现代的功能要求，也表现为它有一个极富动感的外观。

中国美术学院象山校区的总体布局和建筑实体，以浙江典型的乡村为原型，在设计中充分考虑了气候和节能等问题。它使用了拆迁下来的700多万块砖瓦，用建筑师的话来说，他回收的不是材料，而是匠意、时间和记忆（图9-6）。

图9-6　中国美术学院象山校区

2. 从现代接近传统

不论从中国传统建筑中的官式建筑入手，还是从民间建筑入手，其做法都可认为是从传统接近现代。下述几个例子则表明，实现传统与现代的结合，也可以从现代入手，即从现代接近传统，进而达到相互结合的目的。

莫伯治等设计的广州白天鹅宾馆是一个典型的例子。广州白天鹅宾馆是 20 世纪 80 年代，即中国改革开放初期设计建造的涉外宾馆，位于广州珠江鹅潭的一侧。它外形简洁、明快，具有现代建筑的美学特征。但内部家具、陈设、装修、装饰和绿化，却明显带用中国传统文化的韵味和岭南园林的特色。

贝聿铭是一位对现代建筑非常熟悉的建筑师，在设计现代建筑方面，具有坚实的基础。但他在设计中国的香山饭店、苏州博物馆以及位于多哈的伊斯兰艺术博物馆时，却对中国的文化传统和伊斯兰文化传统表现出极大的尊重。

贝聿铭于 2003 年着手设计苏州博物馆，他以设计现代建筑的经验为基础，全力整合中国传统建筑的要素，使苏州博物馆成了从现代接近传统，实现两者结合的优秀范例。苏州博物馆采用的是现代材料和技术，但总体布局、主要建筑的造型以及外环境，都充分考虑了苏州古城的风貌，特别是苏州园林的风格。博物馆的总体分为三大块，采用中轴对称的格局，主体建筑以深灰色的石板做屋面和墙身的边饰，具有"粉墙黛瓦"的意蕴。顶部有几何形的天窗，既利于采光，又继承和发扬了中国传统屋顶的形式。

博物馆的外环境同样体现了现代而又隐喻传统的理念。以庭园中的假山为例，不用太湖石，而改用石板。石板的色彩由黄到灰，退晕效果明显，远远望去，既有西方油画的特征，又有中国山水画的韵味（彩图 20）。园中之水池，采用混凝土池底，硬质驳岸；池上之桥，采用直线、折线相结合的桥面，整体看来不如中国古典园林中的池、桥有趣。但因池中有萍，水中有鲤，再加上人在池中的倒影，其景观也极生动（彩图 21）。桥端的亭子采了现代的材料和做法，以钢为构架，以玻璃为亭顶，顶上覆有木栅栏，体量略大，但仍能构成山、水、桥、亭相互映衬的场景。

由香山饭店和苏州博物馆不难看出，建筑师采用的基本做法是：对传统要素加以挑选，进而进行加工、改造和整合，再将它们用现代的材料和技术重新演绎出来。对中国的建筑环境而言，这些要素可能是灰砖、白墙、景窗、照壁、院落、天井、水池、桥、亭、牌楼以至方圆主题等。

伊斯兰艺术博物馆位于卡塔尔的多哈，是贝聿铭自称的收关之作。它的总面积为 35500m²，于 2008 年 12 月正式启用。为了不受干扰，当局按着贝聿铭的建议，把博物馆建在一个独立的孤岛上。博物馆一半在陆地，一半在水上。由于当地缺少合适的建筑材料，现代材料几乎全是由国外购买的：石灰岩和钢材来自法国，花岗岩来自美国。建筑形体由方形、八边形的结构相叠加，并最终汇集成一个塔楼；细部充满了伊斯兰风格的几何图案和阿拉伯传统的拱形窗；建筑与自然融于一体，光和水在形成整体氛围中发挥了极大的作用。从功能、材料、造型看，该博物馆是现代的，但从内涵、氛围和细节看，它又紧紧地联系着伊斯兰的文化传统。难怪贝聿铭这样说："这个项目对我来说十分特殊。它帮助我进入了和了解了一个不同的世界、不同的宗教、不同的文化。"

日本建筑师丹下健三在探索传统与现代结合之路上，经历过几个不同的阶段。早期，他侧重模仿传统的形式如枯山水和檐廊等。后来，则侧重探索传统的内涵。他把传统分为两大部分，即可以看见的部分和看不见的部分。前者主要指传统的式样，后者，主要指蕴含于式样的内涵，如文化、气质、思想与观念。在探求内涵的过程中，他提出了"灰调子"这一新的概念，还提出了"共生"的理论。他竭力把这些概念和理论体现在自己的创作实践中。在1982年设计埼玉县美术馆时，他把美术馆设计成一半在室内一半在室外的半开放式空间，并提出要用绿化、阳光和人充实这个空间的主张。在这里，传统的式样被隐蔽，传统的形式被淡化，从传统中抽象出来的"看不见"的东西，特别是"灰空间"和"共生"的概念得到了很好的体现。在这个"灰空间"中，有内与外的共生，有建筑与自然的共生，也有现代与传统的共生。

丹下健三是一位对现代建筑和传统建筑理解极深的建筑师，这也是他能够从现代出发，从理念上深入，最终实现传统与现代相融的根本原因。

总之，在建筑环境设计中，实现传统与现代的结合，应该被看作是一个明确的目标，至于如何达到这个目标，则有不同的路径。

在当前的建筑环境设计中，特别要防止和克服两种不良的倾向：一种是盲目赶时髦，把一些奇形怪状的东西当"现代"；另一种是盲目模仿古代建筑的样式，大搞假古董，并以为这就是所谓的"传统"。

四、科技与艺术

建筑环境既有科技性，又有艺术性，这已成为人们的共识。可是不同的人和不同的时代，对这两种属性在建筑环境中所占的分量却有不同的判断：有的人倾向于建筑环境是科技，有的人倾向于建筑环境是艺术；某一个历史时段，人们倾向于建筑环境是科技，另一些历史时段，人们则倾向于建筑环境是艺术。

"科学"，有多种解释，可以解释为反映自然、社会和思维的客观规律的科学体系，如自然科学、社会科学；也可以解释为一种按客观规律办事的态度，如科学种田、科学养殖、科学训练等。

"技术"在工业革命之前，主要指手工技艺，是相关工匠的手工制作。工业革命后，技术与科学相提并论，成为科学的延伸。在建筑环境中，科学技术往往被连带使用，泛指设计理念、设计原则以及工艺、材料、技术和设备等。

从大的范围看，科学技术的进步，必然会提高生产力的水平，推动社会经济的发展。从建筑环境看，科学技术的进步，同样能推动建筑环境的发展，有利于建筑环境质量的提升。

科技与艺术的关系大致如下：

（一）科技与艺术是辩证的统一

在建筑环境中，科技与艺术的关系是相辅相成的。既有统一的一面，也有对立的一面。

科技与艺术的统一，主要表现在以下几个方面：

1. 新的科技催生新的审美形象

新科技能够催生新材料、新结构、新工艺和新设备。新的材料、结构、工艺和设备又能够产生新形象。许多航站楼、体育馆、展览馆和商业中心等所以具有令人耳目一新的形象，往往就是因为采用了合金、高强玻璃等新材料和薄壳、悬索、网架、张拉膜等新结构。

新的审美形象是科技与艺术的统一，是设计师善于运用新的科技成果并对其进行艺术加工的结果。

意大利著名工程师奈尔维说过这样一句话：建筑不是技术加艺术，而是技术和艺术的统一。他不仅这样说，也照此信念做，他设计的罗马小体育馆，就为他的这一信念作了很好的注解。1960 年，为在罗马举办奥运会而建造的罗马小体育馆，是奈尔维的代表作之一。该馆平面呈圆形，直径 60m，屋顶是一个穹隆顶。该穹隆顶由 1620 块用钢丝网水泥预制的槽形板拼装而成，板间有混凝土现浇的板肋，它们交错排列，形成一个类似菊花的精美图案。整个穹隆顶由 36 个"丫"形构件支撑，好似悬浮在空中。罗马小体育馆没有使用多余的装饰，却有强烈的感染力，这源于结构技术的进步，更重要的是奈尔维善于运用技术，善于使本无情感意义的构件有了优美的艺术形象和动人的审美价值。难怪人们把他称为"钢筋混凝土诗人"。

罗马小体育馆是科技与艺术高度统一的典范。它表明，科技与艺术本是应该也可以统一起来的。关键要看设计师是否牢牢树立这一观念，并具有高超的设计能力。

位于深圳的 OCT 设计博物馆，是一处用于展示概念汽车、大型设计产品和进行时装表演的场所。它采用了新的结构，形成了一个宛如海滩上的石头的形象。这一光洁圆润的形象，不仅与海湾的自然景观相契合，更与建筑的现代功能相契合。博物馆的内部空间，与建筑的外部形态相呼应。作为展品背景的墙面，设计成白色的、连续的曲面，似乎可以自由延伸。整个墙面，纯净至极，除展品之外，只有一些小型的三角形窗作点缀（图 9-7）。

图 9-7　博物馆内景

上述两例，着重表现了结构形式与艺术形象的统一。事实上，不同的材料、不同的工艺等都能与艺术相统一，并催生与之相应的形象。我国传统民居的艺术形象丰富多彩，而这些独特的形象在很大程度上都与材料、工艺和结构有关系。客家土楼、傣家竹楼、藏式碉楼、纳西族木楞房、彝族石板房、壮族干阑房等，之所以都有很高的审美价值，一个很重要的原因就是各有独特的材料，并且分别采用了独特的工艺。北京四合院的沉稳庄重，晋商大宅的气宇轩昂，水乡民居的轻盈典雅，陕北窑洞的古朴自然，同样可以表明：不同的材料、工艺和结构可以产生不同的艺术形象。

当今世界，新材料、新技术、新工艺、新结构、新设备不断涌现。许多金属材料被用于建筑的墙、顶，许多高强玻璃被用于观景平台和观景长廊。这些平台和长廊常设透明的底板，在这里，登临者不仅能够享受到"冒险"的体验，也能享受到特殊的审美体验。

上述几例表明，新的科技可以催生新的艺术形象；新的技术应该也必然会找到与之统一的艺术形象。

2. 新的科技催生新的审美倾向

不同的审美倾向，各有不同的社会背景："古典美"以手工业生产为背景，"技术美"以大工业生产为背景。

西方古典建筑的"古典美"从古希腊、古罗马起一直延续到中世纪和文艺复兴时期，但真正的"古典美"还是应该以古希腊、古罗马建筑为代表。"古典美"的主要推动者以毕达哥拉斯、维特鲁威以及文艺复兴时期的帕拉第奥等人为代表，其核心理念是"和谐论"和"整一论"。

西方古典建筑的"古典美"曾给人们留下深刻的印象，体现在其中的比例、尺度、对称、稳定、节奏等原则，是传统形式美的法则的基本内容，至今，仍在建筑环境的营造和其他造型艺术的创作中，发挥着不可小觑的作用。

"古典美"于19世纪遇到了强烈的挑战，从这时开始，欧美的一些国家先后走上了大工业生产的道路。此后，大批新材料如钢、钢筋混凝土和玻璃等被用于建筑环境，为"技术美"的形成提供了物质支撑。在"技术美"的倡导者们看来，建筑环境美应从现代科学技术的角度来阐释。他们认为，科学技术不仅是营造建筑环境的物质手段，也是形成新的建筑环境形象的艺术手段。他们明确指出，凡是符合功能要求的建筑环境，都能像好用的"机器"一样，显示出"技术美"，故建筑环境的形象塑造不必拘泥于传统的形式美的法则，更不用使用附加的装饰。在这种思潮的影响下，"光亮派"、"粗野派"、"重技派"纷纷登场亮相，以致出现了蓬皮杜文化艺术中心那样的建筑。

"技术美"的流行，催生新的审美倾向，引发了人们关于清新、开朗、轻盈的艺术形象的追求。但是，按照大工业生产方式营造的建筑，很快就显露出面目相似，彼此雷同的弊病，以致被人讥讽为"纸箱子"和"火柴盒"。

人们对由于"技术美"的流行而出现的建筑形态所以提出批评，不仅仅表现为对于单调外观的讥讽，还表现为对于内涵贫乏的责难。在他们看来，这些建筑表情"冷漠"、"割断历史"、"缺乏必要的情感"。

人们的审美倾向是动态发展的，但又有相对的稳定性。"古典美"产生的历史背景已成过去，但作为"古典美"的理论基础的形式美的基本原则并未完全过时，在当代建筑环境的营造中，仍然能够发挥一定的作用。"古典美"的问题在于把形式美的法则奉为不可逾越的信条，甚至为了追求这种美，不惜损害功能以及技术经济上的合理性。

以大工业生产为背景的"技术美"，在当代建筑环境的营造中，同样还有不小的影响力，尽管有人曾经宣布过现代主义建筑的"死亡"，但作为伴随现代主义建筑而来的"技术美"，仍然是一种不可忽视的审美倾向。"技术美"的主要问题是过分夸大技术的作用，忽视人的情感和历史文脉，背离了当代人"多元审美"的大方向。

当今的世界已经进入后工业时代，经济的全球化、文化的全球化深入影响着社会的诸多方面。人们的审美观念正在朝着多元化的方向发展。无论是"古典美"、"技术美"，还是形形色色的"风格"与"流派"，都不可能独霸天下。在历经"古典美"、"技术美"之后，当今的建筑环境设计，必须要适应"多元化审美"这个大方向。

3. 新的科技催生新的设计手段

从 20 世纪 90 年代起，统治建筑环境设计达几个世纪的、以欧式几何为基础的造型规则，便受到了严重的挑战。到最近几十年，参数化设计已经成了建筑环境设计的新手段。参数化设计可以模拟生物、人体和自然秩序，不仅为建筑环境提供了新形象，也将建筑环境审美引入了一个新领域。

按欧式几何规则设计的建筑，可以理解为是由若干个几何形体组成的。这些形体可能是立方体、长方体、圆锥体、棱锥体或圆柱体。只要用这些几何体加加减减，就可组合成形态不同的建筑。而参数化设计的建筑，却往往是一个非线性的自由体，不能由若干个几何体组合，也不能分割成若干个几何体。

按欧式几何规则设计的建筑及环境要素，逻辑清楚，可识别性强，但棱角僵硬，内部空间通用性差。用参数化设计的建筑及环境要素，形象新颖多变，内部空间十分灵活。以参数化设计方法完成的北京凤凰传媒中心，将办公区和媒体演播室融合在一起，加上服务、制作等设施，构成了一个完整的空间体系。它造型柔和、明快，具有新的审美意趣，还与旁边的朝阳公园等景观取得了相得益彰的效果。

深圳国际机场 3 号航站楼，是数字化设计的另一个实例。它以混凝土为主材，用特制模板，大批量生产构件，再按设计组合安装，在形式和功能方面都取得了很好的效果。它造型独特，消除了"高技派"建筑常有的单调感，是高科技、智能与文化象征的完美结合，也是科技与艺术的完美结合。它把建筑、服务、文化和生态集于一身，强化了空间的多变性、整体性和人性化。它所显示的审美特性，与一般几何体建筑的审美特性是完全不同的（图 9-8）。

152　　　上述几点，着重论述的是科技与艺术的统一性，但在建筑环境设计和营造

图 9-8 深圳国际机场 3 号航站楼内景

中，艺术与技术相互冲突和矛盾的情况并不少见。其主要原因是设计师过分强调造型的新奇特，忽略了或从根本上违背了技术和经济的合理性。

总而言之，技术与艺术是辩证的统一，这种辩证的统一关系在不同的历史时期曾有不同的表现。从原始社会到蒸汽机出现之前，技术与艺术大体上是融于一体的，可以说技术即艺术，艺术即技术。到了工业文明阶段，也就是从蒸汽机出现到 20 世纪初期，出现了技术与艺术分离的趋势，主要表现是崇尚技术，忽视人的精神需求。时至今日，技术与艺术有了重新归于统一的苗头。与手工业阶段的技术与艺术融于一体的状况相比，这是螺旋式的上升，而不是简单地回到原点。

（二）科学与艺术都是手段

无论是科技还是艺术，都是建筑环境设计的必要手段。建筑环境要全面满足人的物质需求和精神需求，必须好用又好看。而要做到这一点，离不开技术，也离不开艺术，这是技术与艺术应该统一的根本理由，也是技术和艺术能够统一的前提条件。

现代社会是一个与科技密切相关的社会，科技的发展给人们带来极大的便利和财富，但又使人们陷入了"生活模式化"和"生命机械化"的境地。本为技术主体的人，逐渐被技术所控制，甚至成了技术的奴隶。人们的工作要随机械运转，人们的休闲也受技术的制约。一些人沉迷于网络，成为"宅男"、"宅女"；一些人长时间坐在电视机前，连看没完没了的连续剧；即使是运动，也是常常泡在健身房中，与冰冷的机器共舞，而不是在大自然中。人们自由支配的时间越来越越少，与他人欢聚的机会越来越少，与自然接触的机会越来越少，生活范围日益受到局限，生活节奏日益单调，个人的情绪也难免因之枯燥、烦躁和浮躁。

现代科技的负面影响也体现在建筑环境上，主要表现是大批量复制式生产的产品增多：设计者和消费者常常受到消费文化和从众心理的影响，相互模仿，盲目跟风；削弱了人的个性需求和设计师的创造力；也在一定程度上，使建筑环境背离了自己的宗旨。

消除技术发展的负面影响，需要长期的、多方的努力。创造优秀的艺术作品，设计和营造高品质的建筑环境就是消除这些影响的不可缺少的手段。

优秀的艺术作品和高品质的建筑环境，可以在一定程度上削弱技术文明对于感性的压抑，有助于摆脱技术对于人们的束缚和制约。正像人们已经体会到的那样：优秀的建筑环境能够消除焦虑感和紧张感，开阔人们的眼界，放松人们的心情，丰富人们的知识，调养人们的性情，使人们的生活更加健康和多彩。

有鉴于此，在当今的建筑环境设计与营造中，必须力求科技与艺术统一、高科技和高情感统一。

在建筑环境设计和营造实践中，充分运用技术和艺术手段，为统一的目的服务、提高建筑环境品质的例子很多，上海世博会中的英国馆、丹麦馆等都是值得一提的。

英国馆位于一个类似包装纸的场地上，主体建筑是一座约6层楼高的立方体。立方体的周身插满了6万根7m多长透明的亚克力杆。长杆中间固定，两端可以随风自由地摆动。它们能够像光纤一样的发光，无论是白天还是晚上，都能让展馆显示出迷人的效果。每支亚克力长杆的端部，都有一个帽状结尾，每个帽状结尾都含有一颗形态不同的种子，如松果、核桃等，因此，该馆也被称"种子的圣殿"。英国馆的整体犹如一朵盛开的蒲公英，其基本含意是21世纪的英国是一个充满活力的、富于想象的、绚丽多彩的国家，与整个世界、地球的生态和文化具有密切的联系。"种子"是生命之源，"种子的圣殿"可以激发人们关于生命、生存的思考，其意义十分深刻。英国馆使用了高科技，构成了具有独特审美价值的艺术形象，实现了科技与艺术的统一。在这里，科技和艺术都是手段，是为同一个目标服务的（图9-9）。

图9-9　上海世博会英国馆

上海世博会的丹麦馆类似一个自行车赛场，故被称为"绿色驾驶场"。馆内空间如一个持续上升的螺旋形坡道，总高达到11m。观众可骑馆内专用自行车沿坡道骑行，既能完成一个有序列性的参观过程，又能享受富有戏剧性的审美体验。展览馆的内外空间相互补充，水池中有著名雕塑"美人鱼"。丹麦馆的技术和艺术是统一的，它们共同引发人们心理上的愉悦，共同体现绿色、动感的设计宗旨（图9-10）。

图 9-10　上海世博会丹麦馆

五、情感与理性

情感与理性也是一对矛盾。矛盾运动的理想状态是情理交融，达到完全的统一，但在某些时候，也可能出现此消彼长、彼消此长、相互脱节的情况。

情感是精神现象，人对事物的认识主要依靠情感的推动，没有情感就不可能去追求美和欣赏美，正像列宁所说："没有人的情感，就从来也不会有人对真理的追求。"

理性是人们对客观事物的内在规律的认识与把握，较多地体现为对合规律性与合目的性的认识和把握。

情感与理性本应是统一的，因为人们只对那些与自己需要有利害关系的事物产生内心的体验，只有在确证该事物对自己有益时，才能产生愉悦的情感，故这种情感也被称理性情感。理性情感有倾向性、选择性和识别性，可能表现为好感，也可能表现为恶感。

中国传统文化建立在承认人的认识能力、强调人的心理功能、规范人的道德情操、维系人的关系的人本主义基础上。提倡情理合一、顺理成章。这其中的所谓"理"表现为等级、制度、规格、程式、数学模式等；所谓"章"则表现为形式和形象。

中国传统文化中所以能够充满情理相依、情理交融的美学意识，概因中国社会生活长期受重人生、重伦理、重实现、重此岸的儒家思想的影响。这是一种清醒的世俗理性，是一种与情感交织的理性，对中国传统建筑环境形成和发展的影响深而且广。

在中国传统建筑环境中，情理相依、情理交融的美学意识主要表现为以下几点：

首先，表现为空间组合，特别是群体布局具有清晰的逻辑性。建筑以间为单位，由间组合为幢，由幢组合成以院落为典型的群体。群体布局有明确的轴线，有清晰的主次关系，有完整的空间序列，且符合材料和结构特性，呈平面铺排式的布局。这种理性不是简单的"合规律"，而是清醒的世俗理性，因为它包含着人们对于稳定生活、快乐生活的希冀，符合人们追求和谐、讲究礼乐的情感需求。

其次，表现为结构体系具有清晰的逻辑性。中国传统建筑为木结构体系，以梁、柱形成的框架为承重结构，以墙、门、窗等为围护结构，两者分工明确，相互联系，体现了技术上的合理性。但中国传统建筑的结构体系，并未停留于仅仅符合力学要求的层面上，还同时表现出情感方面的意义。以屋顶为例，那翘起的屋脊，"如翼斯飞"，充满蓬勃的生命力；那活泼可爱又有实用价值的脊饰，更是为屋顶增加了浪漫的色彩。

再次，表现为装修装饰具有清晰的逻辑性，即做到了实用功能与审美功能的兼顾与统一。中国传统建筑的装饰装修，大都出于安全、耐久的需要，"无用的"、"附加的"装修装饰很少，这是理性的体现。但装修装饰的色彩、纹饰、图案却极具情感性，不仅能给人带来愉悦，还大都包含着丰富的意义。

最后，中国传统建筑环境中情理相依、情理相融的美学意识，非常集中地体现在园林中。中国古典园林在理水、掇山、栽植等方面，充分考虑了技术上的合理性，也积累了大量的、丰富的经验。但中国古典园林空间布局引人入胜，景观虚虚实实，都具情感特性，都充分地表现出浪漫的气息。

由以上分析可知，中国传统建筑环境中的理性是有情感的理性，并非刻板的"合理"。中国传统建筑环境中的情感是清醒的情感，极少迷乱与神秘。

盛极一时的现代主义建筑，以"技术美学"作为美学思想的基础，带有极强的理性主义色彩。它极力强调功能、技术、经济和工艺上的合规律性，致力于寻求"存在"的绝对规律和绝对标准。它以大工业生产为背景，制造出大量具有标准化、定型化色彩的建筑物，几乎完全忽略了建筑环境的精神功能，即人在情感方面的需求。后现代主义建筑主张审美的变异，具有明显的反理性主义色彩。然而，他们只是在符号上搞花样，并未在如何提高建筑环境的精神内涵和情感表达方面下功夫。

科学技术的发展已向所谓的"绝对规律"和"绝对标准"提出挑战。理论和实践正在表明，并将继续表明，外部客观世界要比人们想象的复杂得多。古典美学中的所谓形式美的法则不可能成为绝对规律和绝对标准；现代建筑追求的所谓"合规律性"也不可能成为绝对的规律和绝对标准。当今的和今后的建筑环境应该体现日益进步的技术，同时也要反映人们不断增长的情感需求，在新的时代背景下，实现理性与情感的交融。

注释：

[1] 王世德主编，《美学辞典》，知识出版社，1986年版，第576页。

[2]《普列汉诺夫美学文集》(1)，人民出版社，1983年版，第395页。

〔3〕墨子，《附录·墨子佚文》。

〔4〕引自陈志华《外国建筑史》，中国建筑工业出版社，1979 年版，第 121 页。

〔5〕（同上）。

〔6〕引自吴良镛《建筑·城市·人居环境》，河北教育出版社，2003 年版。

第十章　驱动建筑环境形成与发展的
内在因素——人的需求

　　人的需求是建筑环境形成和发展的根本原因。衣、食、住、行等是人的基本需求。人们最初营造建筑环境就是为了有住处，并住得好。对于住的需求和为此而展开的一系列的营造活动，构成"求"与"供"的矛盾运动。这对矛盾的运动就是促使建筑环境不断发展的内因。

　　人的需求是多方面的，概括地说，有物质需求和精神需求两大部分。按美国心理学家马斯洛的说法，还可以细分为以下五个方面，即温饱需求；安全、秩序、脱离痛苦和威胁的需求；关于爱情、友谊、自立方面的需求；自尊和受别人尊敬的需求以及自我表现的需求。马斯洛进一步指出，上述五方面的需求是由低到高逐级排列的，在一般情况下，只有低层级的需求得到满足，人才会进一步去寻求上一个层级的需求。

　　综合分析人们营造建筑环境的全过程，可以看出以下脉络：基本的物质需求驱使人们建构最为原始的栖身之所；不断增长的物质需求和精神需求促使建筑环境日益多样化和完善化；环境意识的觉醒正在引领人们走向诗意地栖居。

一、基本的物质需求驱使人们营造最为原始的栖身之所

　　人是有"缺欠"的动物。以生存能力而言，奔跑的速度远远低于猎豹；视力远远低于雄鹰；忍饥耐渴的能力远远低于骆驼；抵制寒冷的能力远远低于北极熊。然而，人又是高级的动物，其表现就是他们有智慧、能劳动、能够创造性地制造工具、用具，弥补自身的"缺欠"。人类的祖先，通过打造、磨制、刮削等手段制造出标枪、鱼叉和弓箭，"延长"了自己的手臂；又通过构木为巢和挖穴而居等，为自己营造了栖身之所，"增强"了抵制严寒酷暑和防禽御兽的能力。在这一历史阶段中，他们对于巢、穴等居所的需求仅仅限于生理、物质方面，即仅仅停留于"防风雨"和"避禽兽"的层级。当然，也就在此时，他们也应该有了最为初始的审美意识，即不断地使这些栖身之所，具有令他们感到愉悦的形式。

　　人的需求是不断增长的，物质方面的需求如此，精神方面的需求亦如此。于是，人们便逐步告别了原始的巢、穴，有了更加完善的住屋，直到有了今天的建筑、乡村和城市。

二、不断增长的需求促使建筑环境日益多样和完善

　　按照马斯洛的说法，人们在满足了低层级的需求后，会自然寻求其他层级的

需求。事实也可证明，人们的所有需求都可以反映在建筑环境的营造中。如安全、交往、自我表现等需求。也正因如此，建筑环境才不断地由低级向高级发展，不断地经历多样、完善的过程。

建筑环境的发展大致表现在以下几个方面：

（一）需求的共同性要求建筑环境具有普适性

所谓"普适"，就是要满足人们的基本需求和共同需求，既有"居者有其屋"的意思，也有满足老与幼、男与女、健与残等不同人的共同需求的意思。

"安得广厦千万间，大庇天下寒士俱欢颜"是唐代诗人杜甫的愿望，体现的是"居者有其屋"的思想。杜甫期望的"广厦"不是"巢"、"穴"，它应该比"巢"、"穴"更适用，不仅能防寒避暑，还应该使居者笑逐颜开，获得快感和愉悦。

当代建筑环境的大部分都是面向大众的。"公园"即公众之园；"共享空间"即大家共用的空间。这类空间一定要全面满足不同人的共同需求，尽可能让不同的人都感到舒适和方便：主要通道既要便于健康人通行，又要便于残疾人通行；主要入口既要便于一般人通过，又要便于轮椅通过；公共洗手间内既要有适合成年人使用的洗手盆，又要有适合幼儿使用的洗手盆；既要有足够男士使用的厕位，又要有足够女士使用的厕位；公用女厕中，还应有给婴儿换尿布的台子及配备安全带的儿童座椅等。

（二）需求的差异性要求建筑环境具有针对性

人有共同的需求，但不同的人有不同的需求，如男人与女人、老人与儿童、健康人与残疾人以及种族、民族、宗教、习俗和社会、经济、文化背景不同的人，就各有不同的需求。为此，建筑环境设计不仅要关注和满足人的一般需求，还要满足人的特殊需求，即在讲究普适性的同时讲究针对性。

以老年人的居所和相关环境为例，设计时就要充分考虑老年人生理和心理上的特殊性，如体力下降、记忆力衰退、对新事物敏感性差、惧怕孤独、渴望与他人交流等。

根据以上情况，养老院的建筑环境要满足以下要求：

第一，要满足老人们行动方面的要求：地面要防滑，门、走廊、门厅、洗手间的宽度要保证轮椅通过，走廊两侧、洗手间的周围要有扶手，室外要尽量减少台阶，多设座椅，以便让老年人安全行走和随时休息。

第二，要有适合老年人使用的家具和设备：桌椅最好能调整高度，浴缸最好能直接进入；要有足够的呼叫按钮，并安装在老人可以方便使用的地方。

第三，针对老年人记忆力差的特点，楼梯、过厅要有明显的标志，住房的房门最好有鲜明的、独特的图案，甚至可以贴上主人的靓照，以提高其可识别性。

第四，老人长期住在养老院，容易产生孤独感。为此，要在内外环境中创造多种利于老人们交流的空间，包括设计可供就餐、交流、休闲的多功能大厅，适当扩大楼梯间的平台和走廊的端部，在庭院设置廊、亭、花架等。

第五，自理型老人很不喜欢别人把他们当作"病号"看待，他们更喜欢表现自己的才能，展示自己的潜力。因此，可在庭院中适当设置菜地、花圃和小动物

159

饲养场，吸引老人们参与力所能及的劳动。

老年人的审美倾向与审美趣味也不同于年轻人。一方面他们喜欢安静的气氛、素雅的格调；另一方面他们又不希望所处的环境单调、古板、死气沉沉。为此，设计师应该在创造整体气氛和格调上狠下功夫，既不要把环境搞得花花哨哨，又要使环境充满生机活力。

罗列上述种种意见的目的，不是想详细阐述养老院的设计原则和要点，只是想以此为例，着重强调人的需求有差异，建筑环境设计必须要有针对性。

（三）需求的多面性促使建筑环境更具多样性和完美性

人有方方面面的需求，从生活方式上看，他们不仅有日常起居的需求，还有健身、娱乐、休闲、餐饮、集会、交流、学习、工作方面的需求。人们介入诸如此类的活动，必须要有相关的建筑环境作为场所。

早在古罗马时期，建筑环境中就有了神庙、浴室、图书馆、剧场、斗兽场和各式广场等。今天的建筑环境远非古罗马时期所能比拟，需求的多面性必然使建筑环境更加多样化。

需求的多面性，会使建筑环境的功能更加完善。为此，必须树立全面的环境观，不能只把所谓的"好看"作为衡量建筑环境优劣的唯一的标准。按着全面的环境观，建筑环境要有良好的物理环境，如良好的光线、通风、温度和湿度；要有良好的心理环境，能够给人带来心理上的满足，情绪上的愉悦；要有良好的空间环境，包括具有合适的尺度、比例与开敞程度；要有良好的设备环境，包括提供齐备的、先进的、合用的家具和设施；要有良好的视觉环境，包括具有美的造型和有意义的装饰；还要有良好的生态环境，让建筑环境有利于人心健康，有利于保护和改善人类的大环境。

从以上情形看，建筑环境的发展过程就是类型不断多样、内涵不断丰富的过程。而推动这一发展过程的内因就是人们物质需求和精神需求的不断增长。

三、环境意识的觉醒引导人们走向"诗意地栖居"

19世纪，德国古典诗人荷尔德林写过这样的诗句："人充满劳绩，但还要诗意地栖居在这片大地上。"哲学家海德格尔对这一诗句作了具体地解释，认为"人不应该成为仅仅为了生存于世而碌碌奔忙操劳的筑居者，不应该是唯利是图、仅仅为了活着而活着的动物性存在。人应该成为以神性的尺度来规范自身、并以神性的光芒来照亮精神永恒之路的、充满诗情画意的生活在大地母亲怀抱的栖居者。"

深入理解以上论述，可以明显地看到，奔忙操劳的"筑居"活动是"栖居"的必要前提，但"筑居"的"劳绩"并非栖居的本质。只有"诗意地栖居"才能体现人存在于世的本质意义，才能体现人与自然和谐共生的美学意义。

"诗意地栖居"不是简单地"筑居"以避寒暑，不是仅仅为了活着而给自己构筑一个足够容身的"巢"、"穴"。"诗意地栖居"是要寻求富有诗意的生存方式，使生活艺术化、诗意化和审美化。

进入工业文明之后，人类的建筑环境已经有了极大地改善，与人类早期的"巢"、"穴"等栖身之所相比，如今的建筑环境显然更为安适和便利。然而，也正是从这种变化中人们又同时看到了一些令人忧心忡忡的倾向和问题。

问题之一是，一些建筑环境只重视人的物质需求，而忽视人的精神需求，进而把豪宅、别墅、高级写字楼等当成了理想的栖居地。不可否认，豪宅、别墅、高级写字楼等，集中了大量现代科技成果，能够给人带来诸多便利，让置身于其中的人们可以足不出户地叫外卖，可以通过网络了解国际国内的大事小情，可以通过电话、电视、网络等与同事、客户保持联系。这类建筑环境当然也会冬暖夏凉，一般情况下，不会让其中的人受到风雨的威胁。然而，也正是这样的建筑环境，使人们亲力亲为的机会变少了，使人们亲自体验各种乐趣的机会变少了，使人与人进行情感交流的机会变少了，也使人们接触自然的机会变少了。于是，人们有理由发问，这种建筑环境难道真的就是我们理想的"栖身之地"吗？

工业文明的负面影响之一是导致了人与人的疏离。人们住在几十层的高楼之中，"老死不相往来"，即使是同层者或邻居也很不熟悉。

人需要参与多种社会实践（不仅仅是完成自己的那一份具体的工作），人需要与更多的人接触，只有在这种参与和接触中，才能获得包括审美体验在内的丰富体验，才能获得物质之外的即精神上的更多满足。

问题之二是，某些建筑环境已成财富、地位、权力的表征。古时的宫殿、庙坛、陵墓是王权的象征，今天的摩天大楼是财富的象征，而某些人热衷的豪宅和私人会所等则是地位和权力的象征。

问题之三是，建筑环境与自然环境逐渐疏离。中国古代有不少人因为多种原因而隐居山林和回归田野，他们崇尚世外桃源和田园牧歌式的生活，力求与大自然保持着密切的联系。据报道，当代人也有隐居山林的，其目的大概也是远离社会的喧嚣，融入自然的怀抱。但就多数当代人来说，如此隐居不能视为理想的生活方式，也算不上诗意地栖居。

问题之四是，人与建筑环境逐渐疏离。建筑环境是为人服务的，但当今的一些环境却忽视人的参与：一些城市的主干道，宽大无比，只服务于车辆，缺乏亲切的尺度；一些城市广场，大面积采用硬质铺地，夏天烤人，冬天冰冷，雨天积水，严重脱离人们的生活实际。

出现上述问题的原因是多方面的，但根本原因是当今的建筑环境在一定程度上脱离了建筑环境的本原，部分地失去了栖居文化的本来意义。

从"巢居"、"穴居"到后来的"筑居"，再到氏族部落的择地聚居，是人类栖居文化的早期阶段。其意义是人类已经开始在天、地、神中寻找自己的位置，寻找适合自身需要的栖居方式。

进入采集、渔猎、农耕时期后，游牧民族逐水草而居，充满以草原为家的情怀；从事农耕的人们过上了较为稳定的生活，人们的生老病死均与土地相联系，他们视土地为根基，纷纷营造与农耕生产相适应的建筑环境，使人类的栖居文化又进入了一个新阶段。

工业文明开始后，人类营造建筑环境的活动大大提速，类型之多、规模之大，远非农耕时期所比拟。然而，也就是在这个历史阶段，建筑环境明显地背离了本原，主要表现就是上面谈到的几个问题。

进入工业文明的后期，人们对工业文明带给栖居文化的负面影响已有觉察，并逐渐有了深刻的认识。于是，倡导"诗意地栖居"的呼声渐高，寻求"诗意地栖居"的实践也逐渐为人所重视。

应该说明，倡导和寻求"诗意地栖居"的呼声和实践并非自今日始。

东晋大文学家陶渊明在《桃花源记》中，就通过对桃花源的描述，表达了他对诗意栖居的向往，他笔下的世外桃源"有良田、美池、桑竹之属，阡陌交通，鸡犬相闻。""黄发垂髫，并怡然自乐"。在《归去来兮辞》中，又通过弃官归隐，回到故居，安享田园之乐，充分表达了他对清高闲适的生活以及回到大自然怀抱的满足与快乐。他的家"三径就荒，松菊犹存。携幼入室，有酒盈樽。引壶觞以自酌，眄庭柯以怡颜。倚南窗以寄傲，审容膝之易安。"在家中他"悦亲戚之情话，乐琴书以消忧。"及至出游，则见"木欣欣向荣，泉涓涓而始流。"

清代画家郑板桥也曾以相似的情调描述过自己的宅院，说自己的宅院是"十笏茅斋，一方天井，修竹数竿，石笋数尺。""风中雨中有声，日中月中有影，诗中酒中有情，闲中闷中有伴。"并表示"非唯我爱竹石，即竹石亦爱我也。"

陶渊明与郑板桥相距数个朝代，但他们所寻求的、欣赏的是同样的环境与生活。其共同点是清静闲适，与世无争，人与人和睦相处，人与自然和谐相融，基本点与当今所说的"诗意地栖居"大致相同。

在当时的历史条件下，陶渊明心中的桃花源是不可能在现实中出现的。到了当代，桃花源式的建筑环境和生活方式则尤其失去了实现的可能。但陶渊明和郑板桥关于诗情画意的建筑环境的追求仍有现实意义，那就是鼓舞今天的人们在现实的社会、经济、文化和技术条件下，发展和创新栖居文化，营建具有诗情画意的建筑环境，推进人与人、人与自然和谐共处的生活。

下面，举几个例子，看看这些当代的建筑环境能给我们带来怎样的信息和启示。

例1，瑞典的一幢度假别墅

该夏季度假别墅，位于瑞典斯德哥尔摩岛礁的最外沿，岛礁对建筑的制约较多，对材料的要求也较苛刻。房子矗立在两块礁石之间的平地上，前部开敞通风，能够让使用者尽享岛礁的风光；卧室等私密空间，隐蔽于后，十分幽静。建筑外观呈黑色，与巨大蚀石相映，也与整体环境相融。

例2，巴西圣保罗 SPA kennzur 水疗会所

该会所的建筑环境设计，兼顾了社会效益、经济效益和环境效益。使用了可以重复利用的材料，将建筑主体与场地、花草树木紧密地结合为一体。入口处有不同种类的蕨类植物和常青藤，向顾客传递着热情欢迎的信息。中央花园是公共服务区的拓展，在这里，有大颗棕榈树为场地遮阴。顾客在此，不仅可以享受良好的服务，还能融于自然，观赏风景，有效地舒缓自己的情绪。

例3，马尔代夫蓝色美人蕉岛的水屋

162

蓝色美人蕉岛上有 17 间水屋，主要由木材建构。水屋由弯弯的栈桥连接，

直向大海延伸。每间水屋均有宽大的阳台，前边的几间是观赏日出的最佳位置。栈桥上有照明灯柱，夜晚的灯光与天上的星光、月光相辉映。水屋内有圆形玻璃茶几，下面有灯，透过玻璃台面，无论白天和夜晚，都能看到水中的游鱼。

例4，北京的一个住宅区

这个住宅区的外环境很有特色，在这里既可感受现代时尚，又能体味往昔情怀，生活气息与文化传统同在。丰富的空间不仅各具功能，又各有不同的情趣。整个住宅区有多个小庭院，它们扩大了人们的活动范围，也给人带来不同的精神享受。其中的"文院"，有砚池、曲水流觞、诗词雕刻等；其中的"武院"，有古代车马雕塑、古代战车的辙痕。庭院之间和庭院之内有竹影婆娑、茅草碧绿、跌水涌动，呈现出一派舒适雅致的境界（图10-1）。

图 10-1　某住宅区外环境

例5，广州的一处园林式酒店

广州有一处园林式酒店，其中的客房部分、餐饮部分和国际会议厅等均为单层建筑。主要建筑材料为竹、木、茅草、砖和土坯，外观形象十分简朴。这些建筑分散布置在一个大的庭园内。庭园又以立德、躬耕、磨砺、成功等为主题，构建出"立德院"、"卦象菜地"、"上善乐园"、"多磨小径"和"成功之路"等主题景区。如此，该酒店就不仅是一处提供食宿的场所，也是一处耕读文化的体验园，给置身其中的人，提供了体验中国传统文化的机会。

例6，某大学校园

某大学校园以一个较大的水面为中心组织规划了校园的外环境。河边有芦苇和蒿草，每隔一段有一个木构的亲水平台，人们站在平台之上，可见河中游弋的群鸭，可见河边引颈的白鹅。离河不远，有一处保留下来的小土山，山上有多种果树。拾级而上，可闻阵阵果香，可见累累硕果。山顶之上，有几部用于风力发电的风车，它们是校园中的标志物，也向学子们传达着"节能环保"的信息。河分岔处，有一个水上舞台，与舞台隔水相对的是一个不太规整但有高差的露天座席。有演出时，学生们可集中观赏；无演出时，学生们可三三两两地聊天休息。离舞台不远，有一片稻田，据说，每到春秋，校方都会组织"插秧节"和"割稻

163

节"。此时，师生们会纷纷下田，在体验劳动的艰辛的同时，享受劳动的乐趣。

　　介绍以上实例的目的并非想以此作为"诗意栖居"的样板，只是想从中找到一些走向"诗意地栖居"的思路。

　　回顾人类建筑环境的发展历程，可以得出如下结论：人的基本需求催生了人的筑居行动；物质需求与精神需求的不断增长，推动着建筑环境的发展与变化；建筑环境的最终走向是实现"诗意地栖居"，用人们常用的词汇说，就是要使建筑环境从"宜居"、"宜游"、"宜业"走向"乐居"、"乐游"、"乐业"。求"宜"，侧重满足人们的物质需求；求"乐"，侧重满足人们的精神需求。"诗意"也罢，"宜"、"乐"也罢，其核心都是追求人与人、人与自然以及人的身与心间的和谐。

第十一章　影响建筑环境形成与发展的外在因素——地理因素与社会因素

建筑环境的形成与发展，受到许多外因的影响，最主要的外因有地理因素、社会因素、技术因素和文化因素等。有些学者认为，其中的地理因素对建筑环境的形成与发展起决定性的作用，被称为"地理因素决定论"。有些学者认为，文化因素起决定性的作用，被称为"文化因素决定论"。其实，一定要明确哪种因素是决定性的因素是很难的。因为，许多因素往往在同时发挥影响作用，只是在不同的地域、不同的时段，会有强弱不一的表现。人类筑居活动之初，地理因素的影响要大一些，甚至具有决定性的作用，如"穴"所以出现在北方，是因为北方土质较好，降雨量相对较少；"巢"所以出现在南方，是因为南方多雨潮湿，又盛产易于筑巢的木材。在建筑环境基本满足遮雨避雨、防禽御兽的危机之后，人的思想观念包括审美观念就日益渗透至建筑环境的营造活动之中，文化因素便逐渐成了影响建筑环境发展的主要因素，甚至起决定性的作用。

一、地 理 因 素

地理因素涉及两类基本条件，一类是非生物的自然条件，包括土地、河流、山脉、矿藏、气候、地形、地貌等；另一类是生物自然条件，包括动物和植物等。两类条件互相关联，共同影响建筑环境的形成与发展。

地理因素对建筑环境形成与发展的影响是从两个方面表现出来的：一是材料、气候、地形等的直接影响；二是通过"人"这个"中介"形成的间接影响，即地理因素首先影响人的性格等心理特征，再透过性格等心理特征影响建筑环境的形成与发展。

（一）地理因素对建筑环境的直接影响

在诸多地理因素中，直接影响建筑环境发展的主要是材料和气候。

1. 材料的影响

人们用于筑居的材料必以地方材料为首选，在交通不便、信息不畅的地域尤其如此。这些地方材料，能够决定筑居活动的方法，筑居的形态和结构，甚至是筑居的特点和风格。

中国传统建筑以木材为主要材料，形成了一个非常独特的结构系统。关于中国传统建筑何以采用木材，并流传了几千年这个问题，学术界的看法并不一致。但多数人认为，以木材为主，有就地取材之意，也符合中国人的审美情趣。因为，木材质感柔韧、温和、朴素、可塑性强，生长中的树木还能显示出生机盎然的状貌，而这一切又恰好符合中国传统美学中那崇尚自然、敬畏生命的意识。

中国地域辽阔，不同区域之间自然条件不同，因此，在木结构成为主流的情况下，也有以其他材料为主材的另外一些结构。

我国甘肃、陕西、河南等地，有许多窑洞。它们历史久远，是我国传统建筑的一种重要的形态。窑洞的出现与发展概因上述区域干旱少雨，存在质地坚实的黄土，适宜开挖各式窑洞。而这种窑洞又具节省材料、施工方便、造价低廉、冬暖夏凉等优点。

我国西藏等地，高寒多风而少雨，树木少而卵石多，于是，藏族的许多碉楼都以卵石、沙土为主材。这些碉楼墙面厚而窗子小，为的是防风、防寒。顶部用平顶，为的是方便晾晒杂物或粮食。

在建筑环境的形成与发展中，构成地理因素的地方材料首先是以物质资料的面目出现的。有了它们，人们可以就地取材，因材加工，用极少的代价获得栖身之所。但不久，地方材料的意义便进一步得到扩展，即由物质资料层面引申至更多的层面，如形成完整的结构系统、空间格局、装修方法和风格特点，使建筑环境表现出明显的地域性。

以木材为主要材料的中国传统建筑，逐渐形成了完整的木结构体系。其基本形态有两种，即叠梁式和穿斗式。

叠梁式多见于北方，结构严谨，逻辑清楚，跨度较大，为灵活划分内部空间提供了方便的条件。叠梁式木结构往往有深远的、起翘的屋檐，为支撑深远、起翘的屋檐，又衍生出其下的梁、柱与斗栱，这就使中国传统建筑的屋顶成了中国传统建筑中独具一格的一部分。木结构还引出油漆、彩画等装修做法。这些做法的本意是出于防腐，但又成了极富特色的装饰。木材的影响力还进一步渗透至内外环境。内部空间的分隔物包括隔扇、屏风、罩以及各式家具等几乎全由木材制成，它们中间的大多数艺术价值极高，既有实用功能，又是审美的对象。总之，作为地理因素之一的木材，其意义已经远远超出了资料的范围。它引申出一种建筑环境体系，一种独树一帜的体系，这种体系，在结构、空间、装修装饰及总体布局方面具有明显的独特性。

穿斗式多于南方，结构相对简单，形态相对轻巧。

地方材料在建筑环境形成与发展中的意义，不仅表现于木材，也表现于其他的材料，如黄土成就了窑洞，竹子成就了竹楼，石头成就了西方古典建筑等。

古希腊的建筑大都使用石材，并形成了独特的梁、柱体系。由于力学上的原因，石梁不能太长，柱距也因之不能太大，因此，古希腊建筑的内部空间大都狭窄、闭塞。但古希腊人却充分地利用了石材可以雕刻的性能，广泛使用圆雕、浮雕，创造了具有经典意义的古典柱式，以及用于内外环境的雕刻艺术。

2. 气候的影响

温度、湿度、雨量、日照等气候条件，同材料一样，也是影响建筑环境形成与发展的外部因素。

我国东北地区，雨水较少，传统民居常用平缓的弧形屋顶，并以麦草泥覆面；江、浙一带雨水较多，传统民居常用坡顶，并以覆盖"黛瓦"而著名。云南、广西等地，有不少干阑式建筑。它们以竹、木构成，底层架空，用来饲养牲畜和堆放杂物，以上各层住人。原因是这些地区多雨潮湿，采用干阑式建筑，利于防潮，也可防止虫蛇的侵扰。

谈及气候条件与建筑环境的关系，不妨再看看日本的一个村子。日本本州岛中有一个古村庄，村址靠近日本海，位于豪雪带。由于每年都有大雪侵袭，为使积雪能够迅速滑落，屋顶的顶角均呈 60 度，即横断面为等边三角形。由于其形极似合并的双手，故被称为"合掌造"。"合掌造"是一个完整的、甚至是完善的系统。它以当地出产的木材和草为主材，杆件的连接不用铁钉，全用隼卯和绳扎。屋顶表面用芦苇和草覆盖，不仅坐收就地取材之利，也符合低碳环保的要求。由于草顶耐久性差，最多使用 30 年就要进行一次大翻修。此时，全村劳动力会一齐动手。久而久之，便在村民之间形成了劳动交换，由此也大大密切了村民的关系。

地理因素对建筑环境形成与发展的影响，当然不局限于地方材料与气候。除地方材料与气候外，还与地理位置、地形、地貌等有关系。如我国广东，地处沿海，容易从海上贸易中获得红木，便常在室内采用红木家具和装饰。我国四川、陕南等地，地形复杂，就出现了吊脚楼等建筑。充分了解材料、气候、地形、地貌等地理因素对建筑环境的发展可能产生的种种影响，对当今建筑环境设计与营造具有重要的启示。那就是：即使在科学技术十分发达的当今，仍要全面考虑各种地理因素，体现"就地取材"、"因地制宜"的原则。

巴西里约热内卢一个小城外，有一幢"六叶屋"。它由六个平面酷似树叶的体部所构成。一个"叶片"之下，为半开敞式的公共空间，供家人或主客之间休息和团聚。其他"叶片"之下，均为家庭成员生活起居的空间。"六叶屋"所在地区，气候湿热。为适应这种气候条件，六个体部各有不同的高度。矮的 3m，高的 9m。形成的高差，可使海风吹入室内，使室内凉爽下来。该屋的屋顶，以当地盛产的桉木为构架，上覆树枝和树叶。厅室地面下为夯土，上铺木板，木板均为一个电厂废弃的材料。六个"叶片"中间，有一个垂直设置的钢管，它能收集雨水。收集的雨水稍加处理，可冲厕所和浇花园。"六叶屋"是一幢充分考虑各种地理因素的建筑，符合节能、减排、低碳、环保的要求。整个建筑环境清新自然，充满热情洋溢的气息（图 11-1、图 11-2）。

图 11-1　鸟瞰"六叶屋"

图 11-2　半开敞式的公共空间

（二）地理因素对建筑环境的间接影响

　　地理因素对建筑环境形成与发展的间接影响，系指地理因素首先影响人的性格，特别是心理，再通过人这个"中介"去发挥影响力。这里所说的"心理"，指的是"社会心理"，它是一种复杂的体系，包括风尚、习俗、理想、信念和趣味，也涉及某一时代的统治者的性格与好恶等。社会心理对社会审美风尚的形成和演变具有深远的影响，如前已提到的奢靡之风，就是社会心理的反映。

　　人的性格和社会心理是如何形成的，一两句话也许很难说清楚。但不少学者认为，人的性格与社会心理、地理环境，特别是气候条件有关系。

　　18 世纪著名思想家孟德斯鸠认为，国家制度和文化类型取决于地理环境，特别是气候条件。在他看来，炎热的气候有损于人的力量和勇气，炎热地区的人性情相对懦弱；相反的是，寒冷的气候能给人以精神和力量，故寒冷地区的人较能从事艰难的、需要勇气与耐力的工作。孟德斯鸠的观点特别是相关表述未必十分准确，但他关于性格、心理与气候有关的论点是有一定道理的。

　　关于地理因素与人之间的关系，我国先哲、学者也有不少论述。《汉书·地理志》说："凡民函五常之性，而其刚柔缓急，音声不同，系水土之风气"。林语堂说："北方的中国人，习惯于简单朴素的思维和艰苦的生活，身材高大健壮，性格热情幽默……，在东南边疆，长江以南……，习惯于安逸，勤于修养，老于

168

世故，头脑发达，身体退化，喜爱诗歌，喜欢舒适。"

有些学者不仅把地理环境与人的性格和心理相联系，还把地理环境与生产方式相联系，并以此为出发点，进一步探索地理环境与人之间的关系。

不少学者认为，温带平原产生农业文明，从事农耕的人，依靠土地、河流，性格相对稳定、持重；草原产生游牧文明，游牧之人"逐水草而居"，流动性大，有时还要面对和投入征战，故性格剽悍、勇猛，身体也较健壮；海洋产生商业文明，人们的生活与生产多与大海相关联，他们有更多接触异域文化的机会，故性格相对开放，具有较强的包容性。

以上种种观点表明，地理环境可以影响人的性格和社会心理，可以影响甚至决定人的生活与生产方式，并以此为中介，进而影响建筑环境的形成与发展。

从我国情况看，北方的居民，包括以北京为代表，涵盖东北、西北、华北地区的居民，大都与农耕文明相关联。他们的建筑环境以"合院"为基本形式，主要风格特征是，组群格局严谨，体形敦实厚重，风格大度朴实，包括家具陈设在内的内外环境稳定而有序，但空间气氛有一定的封闭性。长江中下游的江、浙、皖、赣等地的建筑环境，组群紧凑，多留天井，建筑单体较小，装修精致轻盈，风格秀丽，带有某些文人气质。珠江流域的广东、福建等地的建筑环境，造型相对自由，装饰手法与题材更加丰富，由于受商业经济和外来文化影响较多，风格偏于奇丽，带有明显的商业气息。牧民的草原民居，以蒙古包最有代表性，它结构轻巧，可拆可装，家具和器皿简易适用，便于携带，能够很好地适应不断迁徙的要求。

关于地理因素如何通过"中介"间接影响建筑环境的形成与发展的问题，从中外建筑环境的对照中，也可看出大概。正像有的学者所指出的那样，中华文化基本上属于大陆文化和大河文化，故建筑环境相对稳定而封闭。西欧文化基本属于海洋文化，故建筑环境相对开放。许多西欧的学校、公园，甚至住宅没有高墙环绕就是一个很好的例证。

本节从"直接"和"间接"两个不同的方面，论述了地理环境对于建筑环境的影响。从中可以看出，地理因素可以全面影响建筑环境的材料、结构、布局、空间、形象、风格与特点，也就是既能影响其物质层面，也能影响其精神层面。因此，应该受到高度的重视。在当今的建筑环境设计中，忽视地域差别、缺乏关于地域特色的追求等情况，依然相当严重，以致出现了所谓千城一面、南北雷同的弊病。有鉴于此，当代的建筑环境设计师应着力从传统建筑环境中汲取灵感，努力创作出符合地区自然条件、具有独特地域风格、符合时代要求的好作品。

二、社 会 因 素

社会系指由一定经济基础和上层建筑构成的整体。经济基础指社会发展到一定阶段的经济制度，即生产关系的总和。上层建筑指建筑在经济基础之上的政治、法律、宗教、艺术、哲学观点，以及与这些观点相适应的制度。经济基础决定上层建筑，上层建筑反映经济基础，并对经济基础有一定的反作用。

科技、文化等也可归入社会因素，但由于它们对建筑环境的形成与发展影响更直接，故放在之后的章节专门加以论述。本节着重讨论的是社会因素中生产方式、政治制度、社会意识等与建筑环境的形成与发展的关系。

（一）生产方式对于建筑环境的影响

生产方式直接影响建筑环境的规模、类型、营造方法和艺术风格，以不同生产方式为背景的建筑环境，差别是很大的。

1. 以农耕为背景的建筑环境

在中国，农耕经济具有久远的历史，从夏商周开始的奴隶社会到明清的封建社会，历经几十个朝代，长达二三千年，其间的建筑环境由简到繁，无疑发生了极大的变化。但从另一个方面看，这发生过显著变化的建筑环境，无论从建筑实体、群体布局、艺术造型、装饰装修看，还是从内外环境看，都与农耕生产有着密切的联系，都带有农耕生产的痕迹，主要表现是：

1）以土木为主要材料，以木结构为主要结构体系

中国传统建筑环境为何以土木为主材？为何以木结构为体系？追根溯源，都与中国以农业立国有关系。

黄河流域，特别是黄河的中下游，是炎黄子孙早期的生息之地，也是世界上农业经济较早的发祥地。西安半坡出土大量炭化粟粒，浙江河姆渡新石器文化遗址发现大量稻粒均可说明，早在六七千年前，先民们就已基本上掌握了种植水稻的技术。河南东关帝庙底沟原始社会遗址残留的麦种痕迹，又说明此地先民已经掌握了种麦的技术。

农业经济的确立与发展，引发了先民关于土地、植物的依赖，也激起了先民对于土地、植物的热爱。土地和植物不仅成了人们赖以生存的条件，也成了人们崇敬的审美对象。

生息之地既然适于农耕，就必然同时生长着树木和杂草。于是，人们就必然把寻找建筑材料的注意力集中至脚下的土地和土地上的草木上。

考古发现表明，我国先民的住房，多以树干树枝为骨架，墙和屋顶则采用在骨架上扎结枝条再在其上涂泥的做法。地面常常用火烤，以使其陶化，达到防潮的目的。随着生产力水平的提高，人们逐步掌握了烧砖、制瓦的技术，"秦砖"、"汉瓦"可表明这些技术已达熟练的程度。

文化的交流、科技的进步，使后来的中国传统建筑环境用上了玻璃、金属等，但这并未改变中国传统建筑的材料始终以土木为主的情况。

中国传统建筑也用石头，但往往只用于局部，如柱础，台基等，与西方古典建筑大量使用花岗岩、大理石的情况截然不同。

由农业立国而催生的土木结构，具有特殊的艺术魅力。其一，它自然、质朴、柔软、轻盈，有自然天成之趣，能够给人以独特的审美享受。其二，它以梁柱形成的木构架承重，使墙的作用仅限于围护，可以"墙倒"而"屋不塌"，从而为空间的划分与组合提供了极大的灵活性。其三，它便于美化、加工。因此，中国传统建筑就有了与西方古典建筑不同的装修装饰方法，如木雕、油漆、彩画等。

2）寄托着浓厚的伦理观念

农耕经济以一家一户为基本的生产单位。由此，以家庭为中心建造一幢房子，耕作周围的一片土地，便成了家庭最为基本的生存状态。以数个有血缘关系的家庭形成的家族，往往会聚集在一个建筑群（如村落）里。他们相互照应，耕作建筑组群周围的土地，则是家族最为基本的生存状态。与这种生存状态相适应，一个以家庭为细胞，按血缘远近区别亲疏的法则与制度逐渐形成，这就是所谓的"宗法制"。

中国的宗法制，源于父系家长制，在平民百姓家表现为男性家长权位的继承制，在皇室家族则表现为王位的世袭制。宗法制讲究尊卑、上下和内外，其根本意义是"欲求天下之大定"，即维护封建王朝的统治。

中国传统建筑环境充分反映了以宗法制为核心的伦理观念，不论城市、住宅还是寺庙，都有严格的等级制。以明清住宅为例，"一品二品厅堂五间九架"、"三品至五品厅堂五间七架"、"六品至九品厅堂三间七架"，且不许在宅之前后左右多占地、构亭馆、开池塘。而"庶民庐舍不过三间五架"，更不许使用斗栱和饰彩色。[1] 这充分表明，从建筑、庭院直到装饰，等级规定都是非常严格的。

总之，农耕经济催生了以宗法制为核心的伦理观念，使建筑环境成了宗法制伦理观念的物化形态，同时也具有了与之相应的结构美、形体美、空间美、装饰美和群体美。

2. 以手工业生产为背景的建筑环境

从古埃及、古希腊到资本主义在欧洲萌芽，社会生产大体上是通过手工业生产实现的。建筑环境的营造依靠人力和简单的工具，古希腊的神庙，古罗马的斗兽场、官邸、浴池，拜占庭的圣索菲亚教堂和法国的巴黎圣母院等堪称典范的古典建筑，均是手工业生产的产物。

这一时期的建筑，以石材为主材。正是以花岗岩和大理石等为材料，劳动者一斧一凿地雕出了精美的浮雕和圆雕、经典的柱式和精致的山花，使建筑成了"石头的史书。"

这一时期的建筑技术已有相当的进步，如已有简单的工具，但总的说来，仍然简单和落后，不能与之后的大工业生产时期的机械化生产相媲美。

3. 以大工业生产为背景的建筑环境

从18世纪下半叶开始的工业革命，使人类进入了一个以大工业生产为标志的新阶段。

大工业生产加速了资本主义发展的进程，也使建筑环境的发展发生了根本性的变化。

首先，工业的发展带来城市的大发展，城市的大发展又使建筑环境的类型日渐丰富，数量急骤增加，形象更加新颖和多样化。大量工厂、办公楼、商业建筑、文化建筑、交通建筑和新型住宅等拔地而起。此前无比显赫的宫殿、庙坛、陵墓、官邸等已经退到次要的地位。

其次，大工业生产为建筑环境的发展提供了新材料。工业革命之前，建筑环境的主要材料是土、木、砖、瓦、灰、砂、石；工业革命后，铁首先用于建筑。

19世纪后期，铁被钢材所代替，水泥逐渐应用到建筑上。时至今日，建筑材料已延伸至钢、合金、钢筋混凝土、玻璃、塑料等新领域，建筑环境的发展也因而从材料方面获得了有力的支撑。

第三，与新材料相应的是，新技术、新结构和新设备大量涌现，这又为大跨、高层、超高层建筑的出现和发展，从技术上提供了保障。

1988年建造的巴黎埃菲尔铁塔具有明显的标志意义。它高300m，跨度115m，底部有4条向外撑开的塔腿，在地面上形成一个100m×100m的正方形。它共有12000多个构件，只用250万个螺栓和铆钉就连接起来。该塔共用7000t优质钢，还安装了以蒸汽机为动力的升降机（后改为电梯）。铁塔的施工工期仅为两年零两个月。这一切都充分表明，产业革命推动了科学技术的大发展，新材料、新技术、新设备的出现又把建筑环境的发展推到一个前所未有的新阶段。

第四，大工业生产催生了新的建筑形式和新的审美倾向，使设计师们更有机会去探讨建筑环境的新形象和新风格。正像密斯·凡德罗所说："在我们的建筑中使用已往的建筑形式是没有出路的。即使有最高的艺术才能，这样做也要失败。"[2]事实也已表明，大工业生产时期兴起的建筑环境，无论从建筑实体看，还是从建筑的内外环境看，都迥异于农耕时期和手工业生产时期的建筑环境。它那简洁、明快的风格，既与大工业生产方式相呼应，又与大工业生产引发的新的审美倾向相联系。

第五，产业革命后，建筑环境的内涵更为扩大。从大环境看，已由对建筑单体的关注延伸至对于城市的关注；从小环境看，已由对建筑实体的关注延伸至对于内外环境的关注；从类型看，已由对宫殿、寺庙、教堂的关注转向对一般公共建筑和一般住宅的关注；从内涵看，已由主要对艺术形式表示关注转向对于功能、技术、经济和审美的兼顾。

由上述情况可以清楚地看出：生产方式的演变对建筑环境形成与发展的影响是直接的、明显的，也是广泛的、深刻的。难怪沃尔特·格罗庇乌斯在工业革命之后惊呼："我们正处在全部生活发生大变革的时代……，我们的工作最要紧的是跟上不断发展的潮流。"[3]

（二）政权更迭对建筑环境的影响

政权更迭对建筑环境的影响，与当权者的政策、观念和审美趣味有关系。这在中国几千年的历史进程中，可以得到充分的证明。

商周时，出于政治、军事和享乐等需要，统治者建造了庞大的宫殿和园囿。

春秋战国时，百家争鸣，社会思想活跃，建筑及装饰逐渐从祭神、祭鬼、祭祖转向实用，美学风格也相应地从狞厉、神秘转向活跃，从抽象转向具象。比较实用的家具和设备如"几"、"扆（屏风）"和"楎椸（搭衣服的架子）"相继出现。由于讲究礼制，建筑和装饰也相应地有了较严的等级。

秦统一中国后，中国进入封建社会的上升期。秦始皇大力推进政治、经济、文化改革，统一文字、货币和度量衡，又大兴土木，集中全国人力、物力、财力和六国技术成就修建都城、宫殿和陵墓。这些建筑环境规模宏大，装修华丽，充分表明中国传统建筑环境的发展已经达到了一个前所未有的新高度。

时至汉代，社会生产力进一步发展，中国传统建筑环境的发展也随之进入繁荣期：建筑的结构体系初步确立，砖瓦质量大大提高，装饰纹样更加丰富，人物、文字、动物、植物、几何纹等多种纹样已广泛应用于门、窗、天花、墙柱、斗栱及瓦件。

秦汉园林在囿的基础上，发展成"建筑宫苑"。特点之一是保留了原有的狩猎、游乐的内容，特点之二是在自然环境中增添建筑，呈现出苑中有宫、宫中有苑、离宫别馆相望、周阁复道相连的局面。

两晋南北朝时期，政治不稳，战乱频盈，社会长期处于分裂状态，生产发展相对缓慢。动荡的局势促使佛教盛行，寺庙数量大增，建筑环境中佛教题材的装饰迅速增加。

隋唐时期是中国传统建筑发展的高峰期。两晋南北朝时的艺术风格逐渐消失，秦汉时期的艺术风格得到光大。两晋南北朝时，艺术创作的思想倾向是抚慰心灵的创伤，唐朝艺术创作的思想倾向则转向反映现实和满足人们实际的需求。

唐朝素以国泰民安的盛世为后人所称道，与社会状况相对应，此时的建筑环境也充分表现出规模宏大、气魄非凡、色彩丰富、装修精美等特点，进而形成了丰满、大气、厚实的风格。这一时期，中外文化交流极端活跃，这种文化交流既推动了中国传统建筑环境的发展，又深深影响了日本、朝鲜等国建筑环境的发展。

宋朝的建筑环境受唐朝影响较大，但风格更加清新、简练和秀丽，给人的感觉也更加亲切。

明清时期，是中国封建社会从恢复发展走向终结的时期，也是中国传统建筑沿着固有的道路走向总结、完善、充实和进一步发展的时期。

明朝，建筑环境的总体风格是造型典雅、简洁大方、统一和谐，明式家具可视为这种风格的代表。

清朝的建筑环境继承了明朝的特点，也受到外来文化的影响。整体风格逐渐复杂、烦琐，显示出追求华美、艳丽的倾向。

从以上简介可以看出，不同朝代的建筑环境，从形制到风格是很不相同的。所以如此，固然有历史进程方面的原因，但在很大程度上也源于统治者的意志和推动。

政权更迭对建筑环境的影响，既见诸于中国，也见诸于外国。苏联的情况就很典型。十月革命后，苏联出于经济和政治上的需要提出了优先发展重工业的方针，并以此为根据，大力兴建工厂及与之配套的住宅、学校、幼儿园、少年宫和文化宫，还迅速改造了一批城市的中心广场，甚至建成了一些新城市。1932 年，苏联以决议的形式取消文艺派别，力主文艺要服从社会主义的需要。之后，便先后出现了被称为"地下宫殿"的莫斯科地下铁道及一大批带有尖顶红星的高大建筑。这些建筑具有极大的象征意义，那就是对于苏维埃政权的歌颂。

（三）重大事件对建筑环境的影响

民族迁徙、政治运动和大规模的战争等，可以改变社会生活，也可以改变建筑环境的走向。我国历史上的族群迁徙，公元 14 世纪发端于意大利的文艺复兴运动和第一次、第二次世界大战等都是极好的例证。

我国客家的先民本是生活在黄河流域的汉民。从东晋始，因为战乱而迁徙，最后定居于福建、广东等地。现存福建等地的土楼是客家人营造的居屋。它特点突出，充分反映了客家人的思想观念以及对居屋的特殊需求。土楼的平面多为方形和圆形，平面布局不尽相同，但原则大体一致：一是中间为祠堂，即供奉祖先的地方；二是平面基本对称，有明显的中轴线；三是楼体高大，外墙很少开窗。诸如此类的特点，反映了客家人共同的心理状态和审美观念，主要内涵是：在背井离乡的情况下，尚祖意识倍增；在历经多次"土客械斗"后，对安全、稳定有更多渴望；在陌生之地，更希望族群更加团结统一，更有凝聚力。客家土楼的形成和发展表明："迁徙"是形成客家族群的政治生态的根源，"土楼"这种特殊的建筑环境是政治生态的直接反映。

文艺复兴运动反对神权，提倡人权，追求自由幸福，具有强烈的人文和科学理性的色彩。它以复兴希腊、罗马古典主义文化为旗帜，掀起了反对教会文化的浪潮。15世纪初，这一浪潮涌进了建筑界，被遗忘的古希腊、古罗马建筑重新受到人们的推崇，佛罗伦萨大教堂则成了文艺复兴建筑的标志。在此之后，达·芬奇和米开朗琪罗等大师相继投身于建筑，罗马圣彼得大教堂及大量官邸都代表着文艺复兴时期建筑技术和建筑艺术的最高水平。

第一次世界大战后，欧洲的政治、经济和社会状况发生了很大的变化，由此也引发了建筑环境的改革。具体表现是：困难的经济状况，强化了讲究实用的倾向，片面追求形式的做法遭到抑制；工业生产和科学技术继续发展，要求建筑形式突破陈规，与之相适应；促使建筑师走出学院派的象牙塔，涌现出新的学派、新的风格和一批杰出的建筑师，如沃尔特·格罗皮乌斯、密斯·凡·德·罗和勒·柯布西耶等。

第二次世界大战结束后，房荒严重，倾向实用、简约、经济的现代主义建筑迅速传播于全世界，新建的商业建筑、文教建筑和大批住宅，几乎全部摆脱了古典主义的束缚。

上述几种情况表明，诸如迁徙、战争等重大事件均可影响建筑环境的发展方向和进程，包括建筑的功能与艺术风格。

（四）社会心理对建筑环境的影响

社会心理是一个复杂的体系，是时代审美风尚演变的深层原因之一。生产方式的改变、政权的更迭、重大事件以至政治、哲学、技术、宗教等因素所以能够影响建筑环境的发展，在很大程度上就是它们能够改变社会心理，使社会心理成为直接影响建筑环境，特别是建筑环境审美倾向的主要原因。

社会心理涉及人们的精神、情感、思维、性格、兴趣、动机和能力等，是能够引起社会行为的内因。也就是说，这些内因通常只有外显为社会行为才能为人们所感知。

影响建筑环境审美倾向的社会心理包括从众心理、逆反心理、好奇心理、怀旧心理和炫耀心理等。其中的逆反心理有理性的，也有非理性的。好奇心理反映人的好奇心和探索兴趣，主要表现是追求时髦，无视所谓的传统。炫耀心理往往是由社会上有影响力的人物或阶层，如当权者和财富阶层引领的，在当今的建筑环境营造中所显露出来的奢靡之风就是炫耀心理的反映。

从总体上看，社会心理的形成既与社会成员的集体性文化、思想、习俗有关，又与当权者的个人爱好和所实行的政策有关。二者密不可分，具有互相促进的作用。中国古代有"齐桓公好紫服，一国尽紫服"，"吴王好剑客，百姓多创瘢"，"楚王好细腰，宫中多饿死"之说，就很能说明问题。

下面，以清代的有关情况为例，具体分析社会心理，特别是审美倾向是如何形成和演变的。

满人入关前，是一个相对单纯的民族。在居住、服饰和饮食等方面，都表达了对于实用的崇尚。然而，在入关后，满人的社会心理却发生了显著的变化，突出表现就是完成了从"尚俭"走向"尚奢"的转变。究其原因，大概有以下几点：

其一，受汉人"尚奢"之风的影响。满人入关后，骑射生活受到限制，一些衣食无忧的满人子弟，受汉人奢靡之风的影响，便去城内过起了游手好闲、提笼架鸟的生活。这种风气愈演愈烈，以致康熙不得不通过各种训谕进行批评和指责。

其二，受商人影响。古代中国，一直"崇农抑商"。四民的地位一直是按士农工商的顺序排列的。时至清代，特别是清代的中晚期，商业在国民经济中所占比例加大，以商人为主体的城市地位提高，商人们有了新的生活情趣和方式，而这些情趣和方式又影响到其他的阶层。

其三，受统治者影响。满清政治，前期相对清明，中晚期日趋黑暗。大兴土木的高峰，出现在乾隆王朝，他不仅增建了关外的皇宫，还扩建行宫、苑囿，包括乾隆花园、北海、香山、圆明园和避暑山庄等。清末，欧风侵袭，人们的生活方式有西化的趋势。在圆明园的建造中，就大量引入了欧洲建筑和欧洲园林的造型和技术。对于诸如此类的情形，《清朝野史大观》卷一有一段这样的记载，"清乾隆晚岁，极事纵游，于热河特建避暑山庄，圈地数十里，广筑围场，种植时花，分置亭榭，游其地者，忽而青枝蓊郁，忽而竹篱茅舍，凿池引水，木阁高凭，实天下一大观也。"

统治者的"尚奢"，必有上行下效的效应，于是，"尚奢"就成了这时的审美倾向，一些官员、商人跟在帝王的后面，也兴起了广修宅院和园林的活动。

社会心理以个人和群体为载体，从建筑环境的角度看，影响其审美倾向的主要载体是决策者、开发商（业主）、设计师、群众和媒体。

决策者和开发商（业主）掌握财、权，在形成建筑环境审美倾向中起主导作用，如法国路易十四宣布"朕即国家"，直接过问、干涉凡尔赛宫的宫殿和园林建设；路易十五追逐名媛、贵妇，使当时的艺术充满脂粉气息，以致形成了所谓的"洛可可"风格。

设计师对建筑环境审美倾向的形成和演变，也有重要作用，但相对于决策者和开发商（业主），其作用仍处次要地位。在这种情况下，设计师应与决策者和开发商（业主）多方沟通，宣传和争取实现自己的设计理念。贝聿铭在设计卢浮宫的"玻璃金字塔"时，通过多种渠道，多种方式，包括制作 1：1 的模型向决策者和公众解释自己的方案，就是一个极好的例子。

　　本节从生产方式、政权更迭，重大事件和社会心理等方面，分析了社会因素对建筑环境的形成和演变可能产生的影响。并着重指出，社会心理是影响建筑环境审美倾向的直接要素。

注释：

　　[1]《明史》，卷六十六。

　　[2]、[3] 引自《中国大百科全书（建筑·园林·城市规划）》，中国大百科全书出版社，1988 年版。

第十二章　影响建筑环境形成与发展的
外在因素——文化因素

文化是影响建筑环境形成与发展的重要因素，有人认为它对建筑环境的形成与发展具有决定的作用，其观点常被称为"文化决定论"。

文化是人类在社会实践中所实现的生活方式、所形成的心理和行为模式，以及基于这种方式和模式而创造的产品，包括物质产品和精神产品。

文化的发展反映人类的进步。文化的发展沿着三个坐标展开：一是时间坐标；二是空间坐标；三是民族与社会坐标。因此，文化总会表现出时代性、地域性和民族性。

在社会发展的过程中，文化无处不在，又无时不在。建筑环境艺术既是文化的一个组成部分，又是整个文化的反映。其中的经典，更是人类文化最为深刻和不朽的记录。正像沙里宁所说："根据你的房子就能知道你这个人，那么根据城市的面貌也就能知道这里居民的文化追求。"[1]

建筑环境与绘画、雕塑、园林、服饰一样，都是文化的重要内容，但又同时受其他文化如政治、宗教、伦理、习俗的影响。正是这种影响，制约或促进建筑环境的形式和内容的演变，使建筑环境能够形成不同的风格与特征。正像人们所知道的那样，作为东方园林代表的中国园林，深受中国传统文化的影响，讲究自然而然，强调人与自然的和谐，善于以景寓情，借景抒情。而像凡尔赛花园那样的西方园林，深受西方文化的影响，大都表现出人与自然的对立，人对自然的静观和人对自然的加工。

文化不断发展，到今天，已经进入一个在国际范围内相互对话的新时代。如今的文化已经冲破了闭关自守时期狭隘的地域性和民族性，或者说，不同地域、不同民族与社会背景的文化正在日益广泛、日益迅速地接触、交流、碰撞和融合。这种全球性的文化联系和沟通，波及社会的各个方面，自然也影响着建筑环境艺术的发展。

当代中国的建筑环境艺术面临着多种文化的制约和渗透：从时间上看，有传统文化、近代文化和现代文化；从空间上看，有本土文化和外域文化；从民族和社会背景看，则有本民族的文化以及其他民族和国家的文化。

一、影响建筑环境形成与发展的文化类别

（一）本土文化

不同的国家和地区，各有自己的本土文化。在这里，主要分析中国传统文化怎样影响并将如何继续影响中国建筑环境的形成与发展。

中国的传统文化是以儒学为中心，吸取了诸子百家的学说以及外来文化所形

成的综合文化。它与两千多年的封建社会相联系，涉及政治制度、哲学思想、伦理道德、家庭结构及生活方式等各个方面。以今天的观点看，既有合理可用的部分，也有落后无用的部分。

中国传统文化中的优秀部分对中国传统建筑环境产生过诸多积极的影响，对当代中国建筑的环境发展仍有正面的作用，其主要方面表现如下：

1. "天人合一"的哲学思想

"天人合一"是中国哲学史上一个非常重要的命题，但学者的解释却颇不一致。季羡林先生在《谈国学》中关于"天人合一"的解释通俗而明确，他认为"天"就是大自然，"人"就是人类，"天""人"关系就是自然与人的关系。

中国传统建筑环境深受"天人合一"思想的影响。其主要表现是重视内外空间的沟通，崇尚"宛自天成"的意趣，偏爱质朴自然的情调，乃至从总体上探究"风水"——建筑与自然环境的关系。

先说重视内外空间的沟通。有外国学者说中国文化是"墙文化"，并以城有城墙、院有院墙为佐证。意思是中国传统建筑具有明显的封闭性。其实，中国传统建筑并非都有围墙，有些建筑环境即便有墙，也只有象征意义，而不是与世隔绝的屏障。更重要的是，有墙的"四合院"，恰好有"院"，而这些"院"就是"气口"，就为人与自然沟通提供了路径。

中国传统建筑环境中，最讲"因借"，并把借景划分为"远借"和"近借"。"窗含西岭千秋雪，门泊东吴万里船"应属"远借"。"开轩面场圃，把酒话桑麻"应属"近借"。这"远借"与"近借"就是沟通内外空间，就是在拉近人与自然的距离，密切人与自然的关系。

次说"宛自天成"。"虽由人作，宛自天成"的提法来自造园，是一个造园理念。它深刻地反映了人们对于自然状态的膜拜，又全面地影响了中国传统建筑环境的发展。

中国传统建筑有官式、民间两大类。官式建筑由于要体现权势和地位，必然堂皇富丽，但大量民间建筑却往往轻妆淡抹，具有质朴、自然的审美特性。

由以上几点看出，中国传统建筑环境不仅深受"天人合一"思想的影响，还在如何体现"天人合一"思想方面，取得了丰富的经验。

反观今天的状况，人与自然的接触越来越少，许多方面已患上"自然缺失症"。一来是城市化进程加剧，人与大自然的距离拉大；二来是电视、电脑、网络游戏、智能手机等一系列高科技产品使不少人不愿意迈开双脚到自然中去，只愿意宅在有电源的房子里，享受高科技带给他们的"快乐"，成为宅女、宅男。此情此景，可以表明，把中国传统文化中"天人合一"的思想带入当今的建筑环境，不仅具有必要性，而且具有迫切性。

2. 讲究秩序的伦理观念

伦理道德是中国传统文化的重要组成部分。它以"三纲"、"五常"、"六伦"等为内容，在漫长的历史发展中，维系着人际关系，鼓励人们"格物、致知、正心、诚意、修身、齐家、治国、平天下"。从今天的现实看，古代伦理道德的部分内容已经过时，但"秩序"这一核心依然应该受到重视，并应当被创造性地运用于当今的社会生活和建筑环境中。当今的世界充满矛盾、对立和冲突，从根本上说，人与自然，人与社会都已疏离。因此，促进人与自然的和谐、人与社会的和谐以及人类自身的健康发展，既是全社会的、全人类的大计，也是建筑环境设计应尽的义务。

和谐，就是要有秩序。这在建筑环境中主要体现在两个方面：一是形式自身要有秩序感。二是建筑环境形式与内容要有利于在人与人之间、人与自然之间建立必要的秩序。

中国传统建筑环境常用轴线控制布局，常用对称的构图形式，常常通过空间组合、家具配置等体现长幼尊卑的次序，其经验虽不能生搬硬套，但仍然值得借鉴（图 12-1）。

图 12-1　具有秩序感的厅堂

3. 曲折含蓄的表达方式

艺术作品表情达意的方式多种多样，有的直白，有的含蓄。中国传统美学崇尚含蓄美，推崇心领体会，含而不露，讲究"言外之意"，"弦外之音"，把"余音绕梁"之类的作品视为上品。因此，艺术家们常常采用隐喻、象征的创作手法，以图给欣赏者留出较大的联想空间和想象的余地。

中国水墨画讲究"留白"。这所留之"白"，在不同的画面中，可能为"水"，可能为"云"，也可能为"雾"，全凭欣赏者根据画面的内容和形式自由想象和发挥。

中国古乐追求"绕梁三日"，以致孔子听韶乐而"不知肉味"。

中国传统建筑环境同样具有含蓄美。深宅大院的入口处常设影壁，据说有屏蔽秽气、聚拢财气之意。其实，从组景上看，主要作用则是避免对院内之景一览无余。绕过影壁，院落的布局依然会依次推进，于是，人们就会在运动中逐个完成对多层次院落的审美过程，并从中获得富有层次感和富有序列感的审美感受。园林中的景观组织和空间组织更是如此，成功的造园，会通过收放、开合、借景、障景等多种手段，使景观和空间处于不断变化的状态，很少有一眼望穿的败笔。

179

中国传统建筑装饰的含蓄性是尽人皆知的，常用的手法是利用谐音，使用符号和用数字暗含某些特定意义。

总之，中国传统美学不主张一语道破、一览无余的表达方式。认为此类方式会使审美过程简单化，难以让审美对象给人留下深刻的印象。

艺术作品的表情达意究竟应该直白一些，还是含蓄一些，应视具体情况而定。中国传统文化中关于艺术作品应该曲折含蓄的审美倾向，在今天的建筑环境设计中仍有值得参考的价值。

4. 功能与艺术的统一

中国传统建筑与古典园林，在许多方面都可表现出功能、技术、艺术的一致性。这方面的例子极多，斗栱、雀替、彩画、柱础、隔扇、屏风等就具有典型性。中国传统建筑的台基上都有排水口。这些排水口功能是排水，却往往被打造成螭的形式。它以石材雕成，自可耐水耐腐；它伸出台基之外，可免雨水污染基座。与此同时，它的外观又极富观赏价值，这样，它便成了功能与艺术统一的配件（图 12-2）。一个小小的排水孔，本来是微不足道的，但螭口的设计理念和经验却十分可贵，值得肯定和发扬。

图 12-2　台基上的排水口

上述几点可以表明，中国传统文化对中国传统建筑环境的影响是广泛而深刻的，其中的某些方面，对当今中国建筑环境的营造仍有值得借鉴的意义。

文化是不断发展的，除传统文化之外，新中国成立至今的文化发展也值得认真总结和运用。

文化是多层次的，在中华文化这个大层次之下，还有各个民族的文化。认真总结、发掘和借鉴各民族的优秀文化，对推动和提升当代中国的建筑环境，对推动和提升当代中国各个不同民族的建筑环境，都有重要的意义。

正确认识中国传统文化的价值，是一个十分重要的问题，如何把优秀的中国传统文化渗透至当代中国建筑环境的营造中，是另一个需要讨论的课题。

从当代中国建筑环境的营造实践看，设计师们的基本态度和做法有两种：一种侧重追求形象上的相似，即追求所谓的"形似"，主要表现为大量使用传统建筑环境中的元素，包括构件、配件、家具、陈设、图案和纹饰等。有时候，设计师会对这些元素加以改造，以期更加符合实用和审美的要求。此类建筑环境的风格，常被称之为"新中式"。另一种态度和做法是在借鉴部分传统元素的同时，侧重表现传统建筑环境设计的理念、原则和神韵，即追求所谓的"神似"。上述两种态度和做法，都能使建筑环境显露中华文化的韵味。但相对而言，做到"神似"更为困难，需要设计师对中国传统文化具有更加广泛而深刻的认识和理解（图 12-3）。

图 12-3　具有中国传统文化韵味的居室

（二）外域文化

对中国来说，外域文化泛指中国之外的所有国家和地区的文化。如果说到对于建筑环境的影响，影响力最大的莫过于西方文化。

中国与外域的文化交流可以上溯到汉，唐朝是一个高峰期。清代，中外文化交流广泛。近代，西风东渐，中国建筑环境的发展更加明显地受到外域文化的影响。新中国成立之初，中国的社会生活受苏联文化的影响较大。改革开放之后，中外文化交流空前繁荣，内容广泛深入，从衣、食、住、行到思想观念，都能看到外域文化的痕迹。而这些痕迹多半是西方文化留下的。

外域文化对中国建筑环境的影响主要表现在两个方面：

第一个方面，是积极的方面。主要表现是丰富了建筑环境的类型，促进了建筑环境风格的多样性。最重要的也许最根本的是，让中国设计师开阔了眼界，学到了新的设计理念与方法，接触了一些新的材料、技术和设备。

改革开放之前，中国没有关于建筑环境艺术的提法。由于经济水平和生活水平的限制，建筑内外环境的质量难于受到人们的关注。专门从事建筑内外环境设计的设计师少之又少，更没有专门培养这类人才的学校和专业。改革开放之后，情况大变，中国建筑环境的发展规模和速度，前所未有，中国建筑环境的设计质量大幅度提高，而这一切都与中外文化的交流相联系。

第二个方面，是产生了一些负面影响。西方文化中有一些成分是不利于建筑环境发展的，如过分看重技术，忽视情感需求；过分强调形式，忽视内涵；过分强调个性张扬，忽视群体和谐等。正是在诸如此类的思想倾向的影响下，当前，

181

建筑环境中经常出现一些光怪陆离的造型。在某些建筑环境中，还常常出现一些凸显形式而没有什么实际意义，甚至是损害功能的做法，如在外环境设计中没有理由地采用一些生硬的大直线、大斜线和尖锐的交角；没有必要地设计超大尺度的广场、草坪等。西方文化中过分强调个性张扬的倾向在建筑组群中，尤其是在高层建筑组群中，表现得尤为突出。致使建筑群体，犹如诸侯争霸，毫无和谐而言。

当前的一些问题还表现为对西方古典建筑形式的滥用，即不顾地域和民族方面的差异，照搬西方建筑环境的手法和元素，如滥用希腊柱式、罗马拱券，并动辄将这些很一般的建筑环境冠以"欧陆风情"等。

（三）现代文化

现代文化是相对于传统文化而言的。

传统文化是一个民族在长期的历史进程中逐渐积累起来的文化遗产，具有明显的民族性和地域性，其基础是哲学和宗教。

现代文化的基础是科学技术，是可以用科学实验检验的。它不为某个民族或地域所独有，而是人类共创共享的财富。举例来说，关于月亮，不同民族有不同的神话，我国就有"嫦娥奔月"的神话。诸如此类的神话，分属相关民族的传统文化。而关于"月亮是地球的卫星"等科学知识则属现代文化。从这一观点出发，不能把西方文化等同于现代文化。因为西方文化毕竟只是一个区域性的文化，可能含有现代文化的成分，但又必有许多不属于现代文化的成分。

现代文化当然不是所谓的绝对真理，但它一定要达到当代世界文化发展的最高水平。

传统文化与现代文化都是客观存在，不能相互否定，二者之间的关系是矛盾的统一，是相反相成的。

现代文化对于当代中国建筑环境的发展，有着重要的意义。表现之一是，它为建筑环境的发展提供了新的物质条件，如新的材料、技术和设备，包括家具、设施、声光电等方面的新技术。它可以使建筑环境更加丰富多彩，可以使相关建筑环境更加自动化和智能化。表现之二是，它为建筑环境的发展提供了新的理论支撑。长期以来，人们对人与自然，人与人、人与社会的关系以及人类自身缺乏全面的认识，对建筑环境的意义也因而缺乏深刻的认识。随着科学技术的不断发展，人类对上述问题的认识已经逐渐深化。在此基础上提出的"以人为本"、"节能环保"、"低碳生活"、"生态平衡"、"可持续发展"等新理念，也为建筑环境的营造提供了新的理论支撑。

（四）商业文化

商业文化的核心是追求利润，商业文化的运行特征是竞争。

在商品经济十分发达的今天，商业文化已经浸透至各个领域，对建筑环境的发展也必然会产生这样那样的影响。

商业竞争有正当竞争和不正当竞争之分。正当竞争会对建筑环境的发展产生积极的影响，不当竞争会对建筑环境的发展产生消极的影响。

积极影响的主要表现是能够激发设计者和营造者的创新精神，激励他们创作优秀的环境艺术作品，充分展示建筑环境的价值，丰富建筑环境的类型，使广大客户有选择的余地，使他们的要求能最大限度地得到满足。

商业中的不正当竞争所引起的消极影响可能表现在设计领域，也可能表现在施工领域和营销领域。从设计领域看，主要问题是急于求成，互相模仿，缺少创新意识和精品意识。某些时候，为了满足业主等方面的要求，甚至采用一些不健康的形式和内容。从施工领域看，常常出现的问题是为了获取更大利润而偷工减料、粗制滥造，导致工程质量降低，构成巨大的安全隐患。从营销方面看，常常出现的问题是采用虚假宣传和夸大宣传，误导消费者。

商业文化不仅影响建筑环境的设计、施工和营销，还直接影响决策者和广大群众的审美倾向。从当前情况看，特别值得注意的审美倾向是以奢为美和以洋为美的倾向。"五十年不落后"、"高档洋气上档次"、"土豪金"等等提法，以及盲目攀比，炫耀财富，彰显地位，致使内外环境堆金砌银，华而不实等等现象，在一定程度上都是商业文化引起的负面效应。

（五）大众文化

大众文化是一个似乎清晰但又相当模糊的概念，"通俗文化"、"流行文化"、"时尚文化"乃至"波普文化"都与大众文化的概念接近，甚至都可以纳入大众文化的范畴。

与大众文化相对应的通常被称为精英文化；与通俗文化相对应的通常被称为高雅文化；与时尚文化相对应的通常被称为经典文化。

艺术属于文化，与大众文化相对应的艺术被称为"大众艺术"、"通俗艺术"或"流行艺术"。

大众文化和大众艺术是随着工业文明、商业文化、消费文化的发展而发展起来的。媒体的发达和互联网的产生对大众文化和大众艺术的繁荣起了推波助澜的作用。

当今的时代，是一个物质极大丰富的时代，也是一个精神极度贫乏的时代。传统文化受到漠视，社会关怀日益淡化，人们对政治的热情降低。功利主义、实用主义等迅猛抬头，并已逐渐渗透至社会生活的各个方面。在这种情况下，人们更加重视世俗生活，更加偏好娱乐享受，更加强调感性的解放。而这一切，也就为大众文化和大众艺术的兴盛创造了有利的条件。

人的需求是多方面的。人们要消费物质，也要消费精神，在物质丰富而精神贫乏的情况下，人们会把一切自认为美的东西全部当作消费的对象，大众文化和大众艺术就是其中的一个部分。

大众文化的内涵虽然模糊，特点却相对明确：

第一，具有一定的艺术性。在这一点上，它与精英文化是相通的。它同样通过形象反映一定的思想情感，具有思想性、观念性和一定的个性。但与精英文化相比，其思想深度往往不够，缺少必要的历史感、人生价值和社会担当。

第二，具有明显的商业性。大众文化和大众艺术往往靠商业运作而发展，对于票房、收视率、读者数量和利润的考虑高于对艺术品位和社会效益的考虑，有些时候为了追求高额利润，甚至会置社会效益于不顾。

第三，具有娱乐性。娱乐性是大众文化和大众艺术的核心，有些大众文化和大众艺术甚至把"娱乐至死"作为不变的信条。

在中国传统文化中，精英文化一直占据主导地位。精英文化的主旨是，宣扬崇高的社会理想，追求规范的伦理道德，关注永恒的审美价值，突出人格、人性的养成。作为精英文化一部分的精英艺术，还特别强调"寓教于乐"的教化功能。如今的大众文化和大众艺术与传统文化中的精英文化和精英艺术正好相反，它们着重追求"娱乐"，并不计较所谓的教化。

大众文化与大众艺术有其存在的合理性，这是因为人们的精神需求是非常复杂的。不同的人群有不同的文化需求，同一人群在不同情况下也有不同的文化需求。从总体上说，人们既需要《英雄》、《蓝色多瑙河》、《天鹅湖》、《胡桃夹子》，也需要流行歌曲和肥皂剧。就像人们既需要大餐，也需要快餐；既需要正餐，也需要点心一样。大众文化和大众艺术的发展是对人们日常生活价值的肯定，是对世俗欲望的肯定，体现出来的是那种与精英文化、精英艺术不同的审美追求。

其实，大众文化和大众艺术与精英文化和精英艺术之间并没有一道不可逾越的鸿沟，并没有十分明确的界限，也没有势不两立的冲突，是可以并存、互补、互有消长的。

人们常以"阳春白雪"代表高雅，并以"下里巴人"代表通俗。事实上，面对"阳春白雪"，"国中属而和者不过数十人"，而面对"下里巴人"，"国中属而和者"则有"数千人"。这充分表明，大众文化和大众艺术不仅具有存在的依据，与精英文化、精英艺术也无明显的界限。

大众文化和大众艺术未必浅俗，在新的历史条件下，大众文化和大众艺术完全能够为人民提供一种新的审美感受，一种与精英文化、精英艺术相近的审美感受。从这一点看，大众文化、大众艺术和精英文化、精英艺术都是一种手段，其目的都是在美的享受中，在潜移默化中，提高人们的精神境界，净化人们的心灵，健全人们的素质，激发人们积极向上、走向未来的精神。

为达上述目的，艺术家们必须坚持创新和调整，让自己的作品更加切合广大群众的审美需求和审美趣味，更加符合时代对于文化和艺术的要求。

在肯定大众文化、大众艺术具有存在的依据的同时，当然也要警惕大众文化和大众艺术可能产生的负面效应，包括鼓吹拜金主义、享乐主义和极端个人主义；消释人们对于崇高理想的追求；降低人们的审美能力和审美水平；甚至出现内容肤浅、轻挑、庸俗、低下和形式不雅的作品。

人要"克己"，不能无节制地放纵感情欲望的宣泄，不能痴迷于嬉戏和喧嚣之中。如果执着于感性，只跟着感觉走，很可能导致感官的麻木和迟钝，带来感性的沉沦。

根据上述意见，大众文化、大众艺术与精英文化、精英艺术应该相互尊重，"和而不同"。两者应分别吸收对方的长处，争取都能成为符合国情的、能够充分发挥文化、艺术功能的公众文化和公众艺术。

　　大众文化对于建筑环境的影响往往是通过设计师的创作表现出来的。其正面影响是促进设计师认真探究人们审美需求的共性，创造雅俗共赏的形式，创造丰富多彩的作品；促使设计师认真探究并尊重人们审美需求的个性，在环境设计中充分考虑他们的需求，减少共性与个性的冲突。如在外环境的设计中，既设计曲径通幽式的线路，又安排老幼皆宜的场地等。

　　大众文化对建筑环境的负面影响，同样是通过设计师的设计表现出来的。某些设计只图博人眼球，满足感官刺激，并为此采用一些不健康的题材和不雅观的形式就是突出的表现。

　　大众文化和大众艺术与人们的日常生活联系紧密，建筑环境设计师应该发挥它们的长处，避免它们的短处。力求让建筑环境既为人们所喜闻乐见，又能让人们从中受到良好的熏陶和启迪。从这一角度看，巴塞罗那的"看步"鞋店可算是一个较好的例子。"看步"鞋店是一间专卖店。设计师从唤起人们儿时的记忆入手，打造了一个充满童趣的空间。在这里，前来买鞋和参观的人们似乎是在田间散步，可以打闹戏耍；似乎在哈哈镜里看到了自己和同伴，并因此而笑逐颜开。在这里，人们不仅能够看到各式鞋靴，还能看到鞋布、鞋楦，了解制鞋的过程。这里的桌子、凳子和展台，全都做成鞋靴的样子，形象夸张，但不失真。既能为人们增添乐趣，又能凸显商店的特色（图12-4）。

图12-4　"看步"鞋店内景

（六）流行时尚

流行时尚与大众文化相通而又不相同。不同点是大众文化和大众艺术主要表现为可感的形式，如通俗歌曲、街舞和选美等。而流行时尚则主要表现为心理现象。

流行时尚是这样一种东西：越是大众化，越是被扩张，就越快地导致自己的灭亡。正像德国学者西美尔所说："如果我觉得一种现象消失得像它出现时那样迅速，那么，我们就把它叫作时尚。"很多人对"呼啦圈"保留着深刻的印象，在中国，它曾经"呼啦"一下遍布大街小巷，又"呼啦"一下变得无影无踪。

设计中的流行与多种因素有关，如时代、民族、地域、季节等。但从根本上说，流行乃是一种以个人方式出现的社会群体心理现象，是"从众心理"在艺术风格演变中的具体体现。

流行的心理基础是喜新厌旧、追求新奇和相互模仿。康德在他的《实用人类学》中说："人的一种自然倾向是，在自己的行为举止中与某个更重要的做比较（孩子与大人相比较，较卑微的人与较高贵的人相比较），并且模仿他的方式。这种模仿仅仅是为了显得不比别人更卑微，进一步还要取得别人毫无用处的青睐，这种模仿的法则就叫时髦"。[2]康德所说的时髦，就是我们常说的流行。康德所说的模仿可分为自觉模仿和不自觉模仿。自觉模仿往往具有选择性，甚至具有一定的创造性；不自觉模仿是冲动模仿，完全模仿，是一种盲目跟风的行为。有些人拿着照片让设计师按着照片的式样作设计，有些人到朋友家去一次，回来后，就买朋友家使用的家具，都是完全模仿的例子。

流行不是单一的推广，不具有排他性，同一时期、同一地域、同一领域可能有许多风格式样在流行。但从总体看，流行的趋势大致有两类：一类是趋向未来，追求前卫，成为所谓的先锋派；另一类是趋向过去，追求传统，成为所谓的传统派和民俗派。

流行追求的是变化。正像清代戏剧家和小说家李渔在《闲情偶寄》中所说："变则新，不变则腐；变则活，不变则板。"[3]可见，只有求变、只有创新，才能使艺术包括环境艺术具有生命力。值得注意的问题是，流行起来的东西会导致习惯、厌烦和厌倦，从而让人们失掉新鲜感，甚至让人们感到庸俗、低下和过时，以致使流行走向不流行，走向流行的终结。实践已经表明，当某种风格式样大规模流行时，也同时预示着它的式微。因此，一个有远见的设计师一定要在大规模流行到来之前，预见下一个流行，甚至策划下一个流行，千万不能随波逐流，成为盲目地跟风者。

时尚流行与消费文化密切相关，消费文化是人们消费心理的反应。如今的消费，在一定程度上已经成了一种仪式，并不表示消费者确有真实的需要，而是消费者想通过消费证明自己的能力、智慧、权利和身份。工业社会中，人的身份与生产密切相连，身份的证明，主要靠职业和专业；后工业社会，人的身份更多地建立在生活方式和消费模式上。一套住房中有中西两个餐厅者，不一定都有制作西餐的真实要求，仅仅是为了表示他有制作西餐的能力和条件；一些人口不多的家庭不一定要住 400m² 的大宅，主要是为了显示他的财富或地位，表示他已成了 400m² 俱乐部的成员。

建筑环境中所说的流行，可以表现在造型、构件、配件、色彩和材料等诸多方面。前些年，有人在屋顶上做了"盘子"状的装饰物，随后即有大批建筑跟风，以致全国各地出现了大批头顶"盘子"的建筑。装饰风格也是流行的主要领域，大约 30 年前，人们还喜欢在家具上雕雕刻刻，做出纹饰；板式家具大量上市后，家具的装饰风格便一下子由繁化简，甚至大兴简约主义和极简主义。装饰材料的流行周期更短，从水曲柳、泰柚、雀眼木、橡木到黑胡桃木，轮番上阵，与之呼应的色彩，也交替流行淡色和深色。

建筑环境中所以出现明显的流行，甚至流行期限很短，说明建筑环境贴近人们的生活，对社会的审美倾向，个人的审美趣味反应极快。在这种情况下，建筑环境设计师既要关注建筑环境的大致走向，更要留意科学技术、生活方式的发展。尽可能提前做出预判，以期在把握流行趋势中，站在相对主动的位置上。

（七）宗教文化

宗教是一种特殊的文化形态，对社会生活、人的思想观念以及建筑环境的发展都有不可低估的影响。

宗教的出现源于人民的需要，正像恩格斯所说："创立宗教的人，他们必须本身感到宗教上的需要，并能体贴群众的宗教需要，而烦琐的哲学家照例不是如此的。"[4] 人的需要是多方面的，单从精神方面看，就有实在的、虚幻的、麻醉的、安慰的。宗教就是为了满足某些人的需要而出现的。

世界有三大宗教，即佛教、伊斯兰教和基督教。对中国而言，上述宗教都是舶来品，只有道教才是土生土长的。

1. 主要宗教简介

佛教发端于印度，诞生于公元前 5 世纪末，大盛于公元前 3 至 4 世纪。在东南亚的尼泊尔、缅甸、泰国、柬埔寨等都很盛行。

佛教起源于苦难的社会现实，是对苦难的现实的一种消极的逃避。在佛教看来，人都在受苦，这苦来源于生老病死，以及与亲人的离别，但根子均在人的欲望。因此，人应求得解脱。解脱之道是无欲，只有无欲，才能消除一切妄念，才能成就最高智慧，才能修成正果。

佛教创立之初，特别重视仪式，特别强调清规戒律。传到中国之后，特别是到了唐代之后，为使人们普遍接受，尤其是希望被儒家所接受，便放松了仪式和戒律方面的要求，强调只要心中有佛，佛即在你心中。这种做法与儒家强调内心修养的做法十分接近。从此，外来的佛教便逐渐世俗化与中国化。

佛教的特点是用冷静的哲学思考，引导人们走向佛国境界。由于现实社会中确实存在诸多苦难，佛教很快便找到了立足的基础，并由此广泛地影响了人们的思想和艺术。

佛教于东汉时期传入中国，但很快便与儒学相结合。儒学乐生入世，以礼乐为核心，有一整套的伦理内容，在炽热的现实社会中，处处表现出清醒的世俗精

187

神。儒学主张"仁"。孟子强调"仁义内在"，希望人都有"恻隐之心、是非之心、谦让之心、善恶之心"，并由此倡导"仁、义、礼、智、信"的德行。"仁"的最终指向是"修身，齐家、治国、平天下"。儒学是一种完整的思想体系，是一种人本主义的哲学式的宗教，但由于儒学中没有偶像崇拜，多数人都将其称为儒学，只有少数人称之为儒教。

基督教于公元1~2世纪开始流传，公元313年在罗马帝国取得了合法的地位。基督教产生的根源是社会苦难，民生多艰，是人们濒临绝境时寻找精神慰藉和精神寄托的表现。公元2世纪，罗马帝国风雨飘摇，哀鸿遍野。基督教超越人种、国度、民族、地位，以明显的广泛性、国际性、社会性得到信众的响应。基督教主张超然、平静的心态，提倡心与心的沟通，强调博爱，把"爱"作为自己的标志。基督教有两大分支，在西欧称天主教，在东欧称东正教。

伊斯兰教在阿拉伯半岛由麦加人穆罕默德于公元7世纪创立，7世纪中叶即唐初传入中国。海路由波斯湾经马六甲海峡和南海到达广州、泉州、杭州和扬州；陆路循丝绸之路经波斯、阿富汗到达新疆，经河西走廊到达长安。

道教产生于中国，创始人是老子。道教宣扬清静无为，超凡入圣，以清心寡欲为最高追求。道家崇尚自然，崇信"人法地，地法天，天法道，道法自然"。道家的代表人物之一庄子，追求无所窒碍的"逍遥之境"，从实质上看，是阻断人对尘世的关怀，把人引入一种清虚无碍的圣灵之境。

2. 宗教文化对宗教建筑环境的影响

宗教文化对建筑环境的直接影响是导致宗教建筑兴起，大大丰富了建筑环境的类型。

宗教建筑起源极早，与人类营造"巢穴"几乎同处一个时期。考古发现，大约在新石器晚期，人们曾经营造过许多"巨石建筑"。它们分散在欧洲的丹麦、挪威、荷兰、西班牙、英国以及非洲的北部和亚洲的印度等地。有立石（一石独立）、三石（二石立地，一石横担）、桌石（三石为腿，一石置于其上）、列石和环石多种形式。先民们营造如此众多的"巨石建筑"，目的不在遮风避雨，唯一能够解释的就是出于崇拜的目的。由此可见，这些"巨石建筑"就是最为原始的宗教建筑。

古埃及有许多著名的神庙，其中的卡纳克的阿蒙庙长366m，宽110m，前后有六道大门，内有134根柱子。这些柱子粗壮而密集，致使神庙的内部空间具有强烈的压迫感和神秘感。

古希腊是泛神论国家，守护神、自然神尤其受到人们的重视。众多神庙往往位于建筑组群的中心，既是信众鉴赏和膜拜的焦点，也是人们欢聚活动的场所。

公元14~15世纪，在欧洲被称为中世纪，为巩固封建制度，教会实现了严格的统治。此时，宗教建筑几乎成了唯一的纪念性建筑，在技术和艺术上都达到极高的成就。

从古希腊到中世纪，出现了一大批杰出的宗教建筑：希腊的帕提侬神庙、罗马的万神庙、属于拜占庭建筑的圣索菲亚大教堂、属于哥特式建筑的巴黎圣母院、属于文艺复兴时期建筑的佛罗伦萨主教堂等都是具有典型意义的代表。难怪有学者强调，西方古代建筑史就是一部教堂发展史。

佛教建筑最早出现于印度，主要类型是"窣堵波"、石窟和佛祖塔。"窣堵波"是埋葬佛陀和圣徒的骨骸的地方。石窟是僧徒们遁世隐修的场所。它常常依山而建，布局与三合院类似。东南亚诸国佛教建筑多种多样，缅甸仰光大金字塔、柬埔寨的吴哥窟，都是举世闻名的佛教建筑。东亚日本、朝鲜的佛教建筑同样不少，日本奈良的唐招提寺，由中国唐代高僧鉴真主持建造，是著名的寺院，也是中日文化交流的见证。

佛教传入中国后，引发了佛教建筑的发展，佛寺、佛塔、石窟纷纷落成。与此同时，印度、中亚的雕塑、绘画等也传至中国，不仅促进了石窟、佛像、壁画的发展，还影响了相关的艺术。

魏晋南北朝时期，由于统治者的提倡和支持，佛教建筑空前发展，到北魏末年，北方佛寺已达三万多所，仅洛阳一地就有一千所。

唐代，砖石塔进一步增多，大小雁塔保存至今，极有历史价值和艺术价值。

元代，统治者笃信宗教，佛教、道教、伊斯兰教都很兴盛。喇嘛教寺院和喇嘛塔不仅在西藏，还逐渐在内地营造。时至清朝，仅内蒙古地区就有一千多所喇嘛庙，西藏，青海则更多。顺治二年始建的西藏拉萨布达拉宫，康、乾两朝在承德建造的十一座喇嘛庙（俗称"外八庙"），都是宗教建筑中极为优秀的作品。

伊斯兰教的清真寺总体布局较为自由，主要内容为礼拜殿、浴室、宣喻台和邦克楼。主体结构多用拱券，特别是尖券、马蹄券、火焰券、和花瓣券。常用材料为源于中亚的琉璃砖和石膏花。此外，还有大量木饰面、砖饰面和木雕。装饰图案仅限于植物纹样、几何纹样和阿拉伯文字。院内有水池，供信众大净和小净。早期的清真寺有大马士革清真寺，该寺为一个庞大的建筑组群，它东西长385m，南北宽305m，周围有一圈柱廊，四角各有一个方塔，清真寺则位于院落的正中央。从总体风格上看，伊斯兰教清真寺色彩浓烈，光影变化丰富，具有很强的装饰性。一些较大的清真寺更有恢宏灿烂的气氛。彩图22显示的是西班牙科尔多瓦大清真寺的内景。西班牙科尔多瓦大清真寺建于公元786～988年，是伊斯兰世界较大的清真寺之一。该寺大殿东西长126m，南北宽112m。有18排柱子，每排36根，柱距不到3m。柱头与天花之间有两层拱券，装饰性强，气氛华丽。由于柱子过于密集，拱券与天花之间又存有距离，整体环境充满神秘迷离的宗教气息。

上述种种情况表明，在世界建筑的发展中，宗教建筑与宫殿建筑一样，不仅是一个极为重要的建筑类型，而且一直代表着所处时代的最高技艺水平。

宗教文化的发展促进宗教建筑的发展，宗教建筑的发展又带动了建筑技术的进步和相关艺术的繁荣。

表现之一是带动了建筑技术的进步。由于宗教建筑在人们的心目中具有特殊的地位，营造宗教建筑时，人们往往不惜人力、物力和财力，使用当时最好的材料和技术，调动技艺水平最高的工匠，实现人、财、物的大集中。古希腊时期的上好大理石，古罗马时期的混凝土和拱券结构，哥特时期的砖扶壁等就首先被应

189

用于神庙和教堂。这就表明，宗教建筑的发展与建筑技术的发展实现了良好的互动。

表现之二是呈现了完美的建筑造型。带着崇敬之心，人们总是希望宗教建筑能够具有完美的形式，并以此体现丰富的内容。在反复推敲中，在欧洲出现了经典的柱式、拱券、尖顶和穹隆顶；在中国出现了完善的木结构体系和独特的空间形式，以致使对称、均衡、比例、尺度、节奏、韵律等形式美的基本原则有了绝好的注解，有了可以看得见、摸得着的参照物。神庙、教堂成了形式美的基本法则的立体教材，成了人们心目中最经典、最规范的审美对象。

表现之三是带动了相关艺术的发展。伴随神庙、教堂、清真寺、寺院、石窟而来的有大量绘画、雕塑和其他装饰。许多顶级大师如达·芬奇、米开朗琪罗等也全身心投入宗教建筑的营建，并在那里留下了不朽的传世之作。中国的大批石窟，都有精美绝伦的造像和壁画，以致被誉为雕塑和壁画艺术的宝库。伊斯兰教的清真寺有镶嵌花砖、石膏花饰和风格独特的纹样；基督教堂有用彩色玻璃镶嵌的玻璃窗，这所有的一切，都将人们引入了一个装修装饰的新领域。

表现之四是宗教文化和宗教建筑的发展促进了文化的大交流。宗教慢慢跨出了国界，把自己的教义带到他国，也把相关的建筑和艺术带到他国。宗教文化和宗教艺术的交流成了文化交流的一个十分重要的方面。

从历史发展看，神庙、教堂和寺院等宗教建筑的形式，虽然有些变化，但过程相对缓慢。进入到工业社会之后，宗教建筑明显受到工业文明的影响，于是，便出了不少以现代材料、现代技术建造的，并极富时代感的宗教建筑，特别是形式新颖的教堂。它们具有教堂的功能，却少有传统教堂的形象，如勒·柯布西耶设计的法国的朗香教堂、安藤忠雄设计的"光之教堂"、贝聿铭设计的中国台湾东海大学小教堂、丹下健三设计的圣玛丽大教堂和奥斯卡·尼迈耶设计的位于巴西利亚的大都会教堂等。

有些教堂不仅具有新颖的形式，还有一些新的内容和意境。葡萄牙波培荣格雷区的教堂与社区中心相结合。体形简洁，大厅平面为正方形，其中几乎没有绘画和雕刻。中庭部分有天然石、水景和绿化构成的景观。内外环境的总体氛围宁静内敛。在这里，信众已成绝对主角，他们可以和上帝直接对话。与信众相比，建筑主体已经退到了次要的地位（图 12-5）。

3. 宗教文化对世俗建筑环境的影响

宗教文化的传播，不仅直接催生了大批宗教建筑，还广泛影响了世俗建筑，特别是与信众直接相关的建筑环境。

这种情况表现在两个方面：一方面是显性的，如藏族民居大量使用与藏传佛教（藏族人普遍信奉藏传佛教）相关的绘画、图案和器物，建筑格局、装修、装饰明显与藏传佛教的仪式、教义等相关。藏族民居均有经堂，经堂是住宅中最神圣的地方，也是住宅中最为隐秘之处。经堂的正面为佛龛，供奉佛和菩萨像，龛台下有壁柜，用于存放经卷、香烛和法器。经堂的四周和顶部有大量绘画，绘画内容均与藏传佛教有关。因此，经堂也是整个住宅装饰最为讲究和华丽的地方。

维吾尔族信奉伊斯兰教，不供奉偶像，故建筑的整体布局往往没有明确的轴

图 12-5　波培荣格雷教堂内景

线，也不追求对称的构图。装饰装修明显受伊斯兰教的影响：门窗上面常做尖拱券，内部设有各种拱券式的壁龛。墙的上面有石膏线脚，花型凹凸明显；色彩以白、绿、湖蓝等为主，与清真寺的做法大体一致。

宗教文化对世俗建筑的影响还有隐性的一面，即不是把宗教建筑的某些做法和形式简单地移植到世俗建筑上，而是以宗教文化为中心的某些思想观念，影响建筑环境的总体布局、空间处理、家具配置及装修装饰的风格等。在这方面，中国传统建筑和古代园林表现得十分突出。中国的"四合院"饱含古代风水、民间信仰、习俗禁忌，特别是儒家倡导的等级观念和等级制度，也饱含佛、道两家不以功利居心，尊重自然、亲近自然、欣赏自然的观念和态度。中国古代园林中的苑、圃是供帝王们享乐的，但后来的园林，特别是魏晋南北朝之后的园林，则与佛、道思想紧密相关。明显含有逃避现实、远离人世、隐身山水、清静参禅的意义。这些都可说明，中国传统建筑和古代园林具有丰富的思想内涵，而这些丰富的内涵中，就有宗教文化的成分。

二、多种文化交流的结果及其对建筑环境的影响

建筑环境的发展不是受一种或两种文化的影响，而是受多种文化的影响。值得深究的是，这些不同的文化始终处于交流、碰撞与融合的状态。这种交流、碰撞与融合，随着文化的全球化，已日益明显，日渐广泛。因此，文化对于建筑环境的影响就必然要在多种文化交流、碰撞与融合的过程中发生和完成。那么，多种文化的互动又会产生怎样的结果呢？这些结果又会怎样反映于建筑环境呢？概括地说，多种文化的互动将出现并置、代替、嫁接和交融等结果。这种结果将使建筑环境出现多元并存的局面。

下面，先说多种文化互动的结果：

（一）并置

不同文化的并置，就是不同文化同时并存，如中医与西医并存、中餐与西餐

191

并存、美声唱法与民族唱法并存等。建筑环境上的并置，就是不同风格的建筑环境要素或不同风格的建筑主体并列呈现，如中式家具与欧式家具并置等。

不同文化的并置是文化交流过程中常常出现的一种结果。因为，在一般情况下，很难出现一种文化完全代替另一种文化的情况。唐代，外来佛教并未完全融入中华文化的血脉之中。正像王国维所说的那样："吾国固有之思想与印度思想，互相并行而不相化合。"这种情形表明，唐代的文化发展已经进入了一个有容乃大，兼收并蓄的新时期，对外域文化采取的是借鉴包容的态度。

建筑环境中，不同风格的建筑或环境要素并列呈现，可以展示风格上的对比，可以增强环境整体的丰富性。需要注意的是，对比应该适度，而不能过度，否则，很可能演变为尖锐的对立，即互不相容。巴黎凯旋门与德方斯门的并置就很能说明问题。巴黎凯旋门位于星形广场，德方斯门位于香榭丽大舍街的另一端。德方斯门由两幢摩天大楼构成，因中间有横楼相连，整体外观像门，而被称为德方斯门或新的凯旋门。凯旋门与德方斯门一旧一新，风格差异极大，他们被置于一条大街的两端，意在表现文化的传承性和跳跃性，用以引发人们关于法兰西文化发展的深层思考。人们可能要问，一个纯粹的古典建筑，一个新奇的现代建筑，反差极大，何以能够相容共处，并得到人们的认可？一个重要的原因就是，他们之间有一个合理的距离。倘若比邻而居，估计必会引起人们的质疑，就像国家大剧院与人民大会堂的并置曾经引发质疑一样。可见，不同风格的建筑和环境要素能否并置，以何种形式并置，均应充分考虑两者的体量、距离以及人们欣赏的位置和角度。

一幢别墅有两个客厅，一个为中式客厅，一个为西式客厅，各为一个独立的空间，也是一种并置。但如果把其中的中式家具、西式家具以及其他陈设全部混杂在一个空间，那就不是并置而是杂置了。

（二）嫁接

建筑环境中的所谓嫁接，就是将不同文化背景下出现的不同风格的建筑或环境要素直接组接到一起，形成新的形象。广东开平的碉楼可以作为嫁接的实例。

开平碉楼已被联合国科教文化组织列入世界文化遗产名录。碉楼，是一种具有防御功能的居住建筑。现存的碉楼大部分是当时的海外华侨出资兴建的。清代的开平市是一个水患、匪患猖獗的地区，出于防洪、防匪的需要，从 20 世纪二三十年代起，有一定经济能力的华侨便开始在家乡修筑碉楼，致使开平地区现存的碉楼达到了 3000 多座。

开平碉楼与传统民居不同，它不是木结构，而是砖或混凝土结构；不是以"间"为单位的沿平面展开的建筑组群，而是一幢各层平面大致相同高达三四层甚至九层的塔楼；它大量使用西方建筑符号，展示出"中西合璧"的风格。碉楼的主体是供人居住的，顶部挑廊是供人瞭望和对来犯者射击的。从建筑艺术上看，顶部的处理具有很强的装饰性，极能反映建筑的特色。

说碉楼是"中西合璧"式，缘由如下：首先，其构件往往是中西叠加的。以屋顶为例，支柱部分大都使用西方古典柱式，如古希腊、古罗马的柱式以及拜占庭、哥特式的造型，但顶部又往往是中式琉璃瓦的攒尖顶；主要装饰部分如檐口、栏杆、窗套等，既采取西方古典做法，又使用中国传统的匾牌与楹联；从内部家具与装饰看，既有来自西方的席梦思床垫、提箱和油画画框，又有大量中国传统的红木家具、绘画与木雕。这些绘画、木雕的题材大多取自中国的古典小说和故事。建筑碉楼的水泥和马赛克来自北美，但也用了大量的地方材料，如砖、瓦等。

开平碉楼不是同文化交流的产物，反映在建筑形象上，是中西形象的叠加，而不是真正的融合。所以出现这种情况，皆与特定的历史背景有关系。据说，有些华侨建楼时，只给家乡寄回一些西方建筑的照片，而不是施工用的图纸。这样，家乡的工匠就难免把这些外来的形式与传统的东西简单地拼接起来，成为现在大家见到的"中西合璧"式。碉楼的风格和技术，也反映了广大华侨复杂的心态：一方面是他们对西方的文化和西方的建筑形式感到新奇；另一方面是他们对中国传统文化满怀敬意和不舍。

碉楼的形式是中西建筑形态嫁接后的一种新形式，它具有特殊的审美韵味，也为我们研究文化交流提供了实实在在的依据。

开平还有一个"立园"，是由华侨谢维立投资修建的。该园也是中西文化"嫁接"的产物。图 12-6 显示了"立园"中的亭桥，由图可以看出，亭顶和栏杆是中式的，亭的立柱则是西式的。

图 12-6 "立园"中的亭桥

（三）混搭

混搭之风，已广为流行。所谓混搭，就是将不同文化的元素或语汇搭配使用，形成一种既有对比又有统一的新格局。在西式客厅中搭配一张中式翘头案，或在中式客厅中搭配一张巴塞罗那椅，都是混搭的例子。混搭要体现的是"在同一空间中不同时代的文化可以相容"的美学原则，意在表明不同文化可以对话和交融。但从构图角度看，还是要遵循多样统一的原则。要有主有次，合理搭配，而不可随心所欲地抛撒。混搭中的某些元素或语汇可能成为环境中最为活跃的部分，甚至成为视觉焦点，就像上述例子中的"翘头案"和"巴塞罗那椅"。图12-7显示了某驻外使馆的一角。这里配置的是西式椅，挂的是中国画，应属"混搭"的实例。

图 12-7　家具与陈设的"混搭"

（四）交融

交融就是把不同文化的元素或符号融合为一体，形成甲中有乙、乙中有甲，甲乙难分的局面。

不同文化可以各自分解，即打破各自的旧秩序，再根据新的要求和新的规则建立起新秩序。这是一种重构，也是不同文化的交融。

对中国而言，沙发本为舶来品，但当今的有些沙发椅却具有中国传统家具的韵味；宫灯，本是中国的传统灯具，但当今的一些灯具却可以十分现代化而又依然发散着宫灯的气息。

在建筑环境中实现不同文化的交融，难度可能大于并置和嫁接，但却值得大力探索，因为它有可能把不同文化的优点融合在一起，更加凸显建筑环境的审美价值。

（五）代替

一种文化被另一种文化所代替，并不稀奇，历史上某些民族失掉自己的语言和特定的生活方式就是最好的证明。建筑环境中某些原有的形式和做法被新的形式和做法代替也是常有之事，只是其过程没有引起人们更多的注意。

无论是并置、嫁接、混搭还是交融，都是设计的手段。目的是充分发扬各种文化的长处，为我所用，在提高实用价值和审美价值的前提下，促进建筑环境的多样化。

事实上，许多建筑环境设计，并非只采用并置或混搭等一两种手段，而是同时运用了并置、混搭等多种手段。广东佛山的"岭南新天地"就是一例。

广东佛山的"岭南新天地"位于佛山祖庙附近的东华里。佛山祖庙是佛山百姓的集散地，也是佛山百姓的心中之根。东华里是"商贾云集"，尽显古镇繁华之处。改建形成的"岭南新天地"集中了星巴克、满记甜品、九号花园等多处餐饮休闲场所，为这处富有历史积淀的区域增添了现代感和新生机。这些新的餐饮休闲场所，与祖庙、简氏别墅及嫁娶屋和会馆等连成一片，可以让人们有机会在品味咖啡的同时，细品东华里的当代与过去。"岭南新天地"尊重历史，留住了人们曾经与之相认相伴的城市记忆，但同时又为建筑环境赋予诸多时尚的元素。通过运用骑楼、山墙、瓦脊、雕花屋脊、青砖瓦砾、木质门框以及西方的彩色玻璃等实现了传统与现代的结合（图12-8）。

图12-8　岭南新天地街景

佛山文化属于岭南文化。岭南文化是中华文化的重要分支。佛山"岭南新天地"以传承岭南文化为主，吸收了现代文化和西方文化的有益部分，是多种文化交流、碰撞与融合的成果。

多种文化的交流、碰撞与融合，必将导致建筑环境的多元化，形成多元并存的态势。关于这一点，再从文化全球化的角度加以论述。

三、文化全球化背景下建筑环境发展的总趋势

文化的传承与传播是人们生存发展的必要条件。正像马克思所说："某一个地方创造出的生产力，特别是发明，在往后的发展中是否会失传，取决于交往扩展的情况。当交往只限于毗邻地区的时候，每一种文明在每一个地方都必须重新开始。"[5]

文化的传播不仅能在不同地域、不同文化圈横向传播，也能在不同时代完成纵向传播。横向传播或称空间传播，如中日文化交流和汉藏文化交流；纵向传播

或称时间传播，如清代文化对明代文化的传承与发展。

区域间和不同文化圈的横向传播能够提升人们的全球意识，有利于打破本土文化原有的格局，有利于吸收外域文化的优点，促进本土文化的进步。纵向传播指的是沿时间坐标发展，显示的是世代间的传承关系。诸如某些民间工艺由父传子，子又传孙的方式。纵向传播，也可称为"传承"，能够激发人们的"寻根"意识，使本土文化的精华得到继承和发扬，使本土文化的特点得到保持，进而成为人类文化宝库中的一部分。

在文化全球化的进程中，横向传播和纵向传承是缺一不可的两个方面。由此，又必将使全球文化的发展，展现出两个大趋势，即"一体化"和"多元化"。

"一体化"系指各种文化在交流、碰撞、冲突、渗透和交融中，会不同程度地受到其他文化的影响，从而使人们具有更多的、共同的文化意识和文化现象，进而形成一些更高层次的文化。

"多元化"则指各种不同的文化在文化交流中，或因吸收了其他文化的长处，或因发挥了自身的潜力，使自身更显丰满，更加强大，更富特色，从而使人类文化的总体呈现多元并存的态势。

"横向传播"和"纵向传承"，是促进文化进步的两种不同的运动形式，它们互相补充，互为因果。由"横向传播"引发的"一元化"趋势越是明显，关于"多元化"的追求也就越是强烈，从而也必然引起对于"纵向传播"的重视。

由上述论述可以看出，文化的全球化与经济全球化的指向是不同的：经济全球化的指向是"趋同"，即指向按同一规则处理经济事务；文化全球化的指向是"趋和"，即"和而不同"。

中国建筑环境的发展正处于"文化全球化"的浪潮中，其发展的总趋势必然与文化全球化的走向相一致，即呈现"和而不同""多元并存"的态势。这种总趋势，为今日中国建筑环境的发展提供了良好的机遇和广阔的空间，也向广大建筑环境工作者提出了不少应该深思熟虑的课题和应该注意的问题。

首先，中国的建筑环境工作者特别是建筑环境设计师，应该具有开放、包容的心态，勇于吸收对我们有益的先进文化，并善于将其与中国的国情包括时间、地点、条件等紧密结合，而不是盲目地照搬。

其次，要坚定文化上的自信、自尊、自强，积极发掘和发扬本国、本民族、本地区的优秀文化，积极营造既有现代化水准，又有中国传统文化韵味的建筑环境。这是对自身文化的尊重，也是对世界文化的贡献。一些经济发达的西方国家确实具有较大的文化影响力。然而，正像人们所看到的那样，中国文化也在走向世界。这一切均可表明，未来的文化不会大一统，未来的建筑环境不可能只有一种流派或风格。

再次，应该积极学习和适时运用现代文化。现代文化代表我们这个时代科学技术的最高水平，既含科学的理念，也含先进的技术。

最后，应牢牢把握建筑环境的本原。即建筑环境的最终指向是为人们提供宜居、乐居、宜生、乐生、宜游、乐游的环境。建筑环境的发展不在于楼宇有多么高，装饰有多么豪华，而在于是否真正提升人们的生活品质。

多元文化的交流、碰撞、冲突与融合，从本质上说，乃是价值观念、思维方式、行为方式的交流、碰撞、冲突与融合。其中的任何一种文化，都代表着一个特殊的群体的生活方式、生存智慧和生态策略。面对文化的全球化，面对多元文化的交流、碰撞、冲突与融合，中国的建筑环境设计师不能只是停留在对于某种"式样"的取舍上，而是应该立足本国、本民族的文化土壤之上，从现代的、多元生活出发，多元汲取，多元创造，全面提升中国建筑环境的品质。

注释：

[1] 沙里宁著，顾启源译，《论城市：它的生长、衰败与未来》，中国建筑工业出版社，1986年版。

[2] 康德，《实用人类学》，重庆出版社，1987年版，第144页。

[3] 李渔，《闲情偶寄》，浙江古籍出版社，1985年版。

[4] 引自季羡林《谈国学》，华艺出版社，2008年版。

[5] 马克思，《马克思恩格斯选集》，第一卷，人民出版社，1998年版，第45页。

第十三章　优秀建筑环境赏析

评价建筑环境有多种标准，本章所选实例不可能全面"达标"。但它们都有可圈可点之处，都有较高的审美价值。为了便于介绍和分析，特将它们分为外环境和内环境两部分。有些实例，外环境和内环境都设计得相当好，则一并介绍和分析。单从审美角度看，这些实例的美可能表现在不同的方面：如有的侧重表现为自然美或空间美；有的则侧重表现为形式美、意境美和意蕴美。

一、优秀的建筑外环境

（一）泰国清迈 Panyaden 学校

该校校址原为一片果林。新建学校被茂密的林木所包围。学校用房由教学用房和公共场所组成。几幢教学用房形态相似，但不完全相同，有标准化设计的特征。公共场馆为竹木结构，承重柱由竹竿绑成，顶部像一个巨大的伞盖，人们在其中活动，仿佛是在密林中穿行。建筑造型设计的灵感来自飞鸟、树叶等自然物和清迈的雨伞。环境设计的理念是尊重地形、地貌和生态状况，体现人与自然的亲近与融合。校方在校园的周围，种植了大片蔬菜和稻谷，还对污水、垃圾采取了无害化处理和重复利用的措施。这是一所环境友好型的学校。在这里，人们可以充分地领略到自然美、生态美和整体美（图 13-1、图 13-2、图 13-3）。

图 13-1　校园总体

图 13-2　内部庭园

图 13-3　大型场馆

（资料来源：全球新建筑（文化空间），天津大学出版社）

（二）韩国 2012 年丽水"一个海洋"世博会主题馆

该馆是德国工程师用玻璃幕墙和先进的技术打造的一个超前的建筑形体，于 2012 年启用。整个环境从多方面突出了"生机勃勃的海洋及海岸"这一主题。主要理念是表现无边无际的海面和深不可测的海底。它沿着海岸延伸，展现出永无休止的动感。外部环境由多种人造景点、绿化和小径构成，与主体建筑相映成趣（图 13-4、图 13-5）。

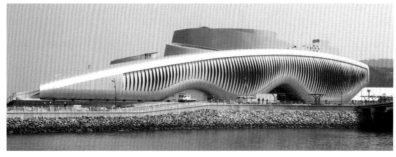

图 13-4　主题馆外景

199

图 13-5　入口处的坡道

（资料来源：当代世界建筑集成（文化建筑），天津大学出版社）

（三）泰国巴蜀府幸福家园

这是一个高档住宅区，位于泰国华欣。设计灵感来自著名度假区华欣的海滩。住宅区外环境的重点是位于两行住宅楼之间的水景，总体效果与我国的江南水乡有几分相似。水景的主体是一个长 230m 的超大泳池，它从大堂开始，一直延伸至沙滩。围绕泳池，有一系列大大小小的反射池、儿童池、按摩池、花园和树龄在 50 年以上的大树。在这里，水景、绿化和沙滩相互映衬，组成了一个庞大的、开放的空间体系（图 13-6）。

图 13-6　外环境鸟瞰

（资料来源：高端住宅区景观营造）

（四）日本冲绳科技大学研究院

学院地形复杂，有大量沟堑、峡谷，还有茂密的森林。最陡峭的悬崖，高差达 30 余米。然而，也正是这些山谷、小溪和植物，构成了宝贵的生态系统，为营造具有生态美的校园环境提供了有利条件。学院主要用房建在山脊上，主体建筑随山势蜿蜒，围成一个庭院。主体建筑与另外一个建筑用连廊连接（图 13-7、图 13-8）。

图 13-7　校园全景

图 13-8　庭院景观

（资料来源：全球新建筑，天津大学出版社）

（五）瓦尔斯别墅

该别墅位于瑞士南部阿尔卑斯山脉的一个斜坡上。由荷兰和瑞士的设计师共同设计。别墅所在的小镇，已被政府列为重点保护对象，明令禁止在山坡上修建任何现代建筑。因此，设计师决定先挖一个大洞，把别墅建在山体之中。

人们进出别墅，要经过一个地道。为了实现别墅与大自然的沟通，设计师在庭院的顶部开了一个大圆洞。有了这个"开口"，别墅内的人们即可毫无阻碍地接触自然，欣赏山谷风光。人们居住在这里，好似居住在远古的山洞，能够远离城市的喧嚣。与此同时，又可以饱览迷人的景色，全身心地投入大自然的怀抱。这是一个充满诗情画意的居屋，一处人与自然相融的环境（图 13-9、图 13-10）。

图 13-9　庭院上的开口

图 13-10　从庭院看山谷景色

（六）张大千博物馆

张大千生于内江，是 20 世纪中国画坛上具有传奇色彩的国画大师。张大千博物馆建在内江的一个公园内，以原有茶楼为基础，主体是数个新建的、亭子状的展览厅。展览厅的主要建材是竹板，整体造型为自由形。设计师保留了原有的树木，并使之成了环境的一部分。博物馆的设计理念是融汇中西文化艺术的精华，着重表现张大千与毕加索的交往和友谊。1956 年，张大千与毕加索在巴黎见面，并由此建立了深厚的友谊。馆内展品，以毕加索创作的"张大千肖像"为重点，设计师还力求从这幅肖像画中找到关于建筑造型的启示。张大千博物馆的建筑环境富有启发性，它能让人看到艺术与人生、社会、自然的联系，看到东西方文化的交流与融合（图 13-11、图 13-12）。

图 13-11　博物馆全景

图 13-12　博物馆展厅之一

二、优秀的建筑内环境

（一）"富椿"售楼中心

位于台湾台中市，设计灵感来自黄公望的"富春山居图"。设计师真切地意识到，当代人既想逃避城市的喧嚣，又难以割舍现代化的生活方式。为此，很想创造

203

一个"桃花源"式的场所,让人们哪怕是短时间地享受一下恬静、轻松的氛围。该中心采用了"合院式"布局,各空间均沿纵向轴线延伸。作为重点的大厅宽敞、明亮。自然光透过窗棂投射至地面与墙面,产生出十分动人的效果。设计师有意模糊内外空间的界限,利用具有中国特色的格窗和景洞,连接内外空间和相邻景区。整个环境充满了浓郁的东方文化气息,特别是山水文化的韵味(图 13-13、图 13-14)。

图 13-13 庭园景观

图 13-14 "借景"的景洞

(资料来源:中国台湾售楼处设计)

(二)岩浆艺术会议中心

位于西班牙的加那利群岛,处于一个由岩石、半沙漠和大海构成的、景观相对荒野的区域。为使建筑与自然条件相协调,主体建筑以石材和混凝土为主材,屋顶用植物纤维与水泥合成的平板覆盖,其质地与当地的岩石和半沙漠的质地十分相配。该艺术会议中心的最大特点也是最大优点是:充分体现了人造物与自然环境协调的整体美(图 13-15、图 13-16、图 13-17)。

图 13-15　中心全景

图 13-16　中心入口

图 13-17　一个小会议室的内景

（资料来源：全球新建筑（文化空间），天津大学出版社）

（三）王芝文陶艺微书展览馆

该馆用于展示王芝文大师的陶瓷和微书，故设计师特别注重环境的文化内涵。微书属于书法，为此，展览馆的入口处及出口处均用毛泽东的狂草"点题"，而这种狂草又对微书起了反衬的作用。展览馆以黑色为主调，与中国书法的色调相呼应。在语言表达上，具象的与抽象的互衬相映；在材质选用上，粗犷的与细腻的结合。展览馆中，有一处残垣断壁式的展示：在黑色的地板上和粗犷的混凝土柱子上，散放着大量陶瓷和微书碎片，用以象征大师百折不挠的精神和高超艺术成就的来之不易。综观整个设计，既有时代精神，又有本土文化，可以说是一个现代与传统完美结合的典型（图 13-18、图 13-19、图 13-20）。

图 13-18　展馆出入口

　　　　　　　　图 13-19　展厅内景之一

图 13-20　展厅内景之二
（资料来源：设计中的设计（博物馆·剧院），华中科技大学出版社）

（四）中信金陵酒店

位于北京平谷，坐落于水库之畔。大堂等诸多公共空间，用不规则的斜面围合，形成不规则的几何体。大堂"周围有许多不规则的开口，使相邻空间沟通渗透。总体效果新颖别致，能让人产生奇特的审美感受（图 13-21、图 13-22）。

图 13-21　大堂内景

图 13-22　大堂一侧

主要参考文献

1. 王杰主编. 美学（第二版）. 北京：高等教育出版社，2008.

2. 吴良镛. 建筑·城市·人居环境. 石家庄：河北教育出版社，2003.

3. 李泽厚. 李泽厚十年集. 合肥：安徽文艺出版社，1994.

4. 王振复. 建筑美学. 昆明：云南人民出版社，1987.

5. 汪正章. 建筑美学. 北京：东方出版社，1991.

6. 陈志华. 外国建筑史（十九世纪末叶以前）. 北京：中国建筑工业出版社，1979.

7. 中国建筑史编写组. 中国建筑史. 北京：中国建筑工业出版社，1982.

8. 陈望衡. 环境美学. 武汉：武汉大学出版社，2007.

9. 楼庆西. 中国传统建筑装修. 北京：中国建筑工业出版社，1999.

10. 萧默主编. 中国建筑艺术史. 北京：文物出版社，1999.

11. 刘心武. 我眼中的建筑与环境. 北京：中国建筑工业出版社，1998.

12. 刘振武、红方. 美学概念. 北京：中国传媒大学出版社，2007.

13. 刘晓光. 景观美学. 北京：中国林业出版社，2012.

14. 黄玉良主编. 实用美学（修订版）. 重庆：化学工业出版社，2007.

15. 张宪荣、张萱. 设计美学. 北京：化学工业出版社，2007.

16. 樊美筠. 中国美学的当代阐释. 北京：北京大学出版社，2006.

17. 李萍、于永顺. 实用美学. 沈阳：东北财经大学出版社，2006.

18. 杜书瀛. 李渔美学思想研究（增订版）. 北京：中国社会科学出版社，2007.

19. 梁一儒. 民族审美文化. 北京：中国传媒大学出版社，2007.

20. 樊美筠. 俗的滥觞. 郑州：河南人民出版社，2000.

21. 崔笑声. 消费文化 & 室内设计. 北京：中国水利水电出版社，2008.